MUSCLES SYNERGIQUES

ET ASYNERGIQUES

AU COURS DE L'HÉMIPLÉGIE ORGANIQUE

PAR

Le Dr L.-F. BLANCHARD

DE L'UNIVERSITÉ DE PARIS

Lauréat de l'École de Médecine de Marseille

PARIS

GEORGES CARRÉ et C. NAUD, ÉDITEURS

3, RUE RACINE, 3

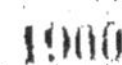

1900

MUSCLES SYNERGIQUES

ET ASYNERGIQUES

AU COURS DE L'HÉMIPLÉGIE ORGANIQUE

PAR

Le Dr L.-F. BLANCHARD

DE L'UNIVERSITÉ DE PARIS

Lauréat de l'École de Médecine de Marseille

PARIS

GEORGES CARRÉ et C. NAUD, ÉDITEURS

3, RUE RACINE, 3

1900

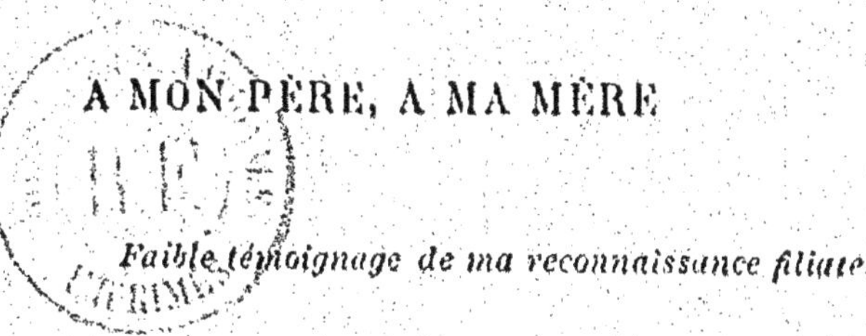

A MON PÈRE, A MA MÈRE

Faible témoignage de ma reconnaissance filiale.

A MON ONCLE F. GASTU

Ancien Député d'Alger

A MES MAITRES

A MES AMIS D'ENFANCE

DOCTEUR M. JACQUEMET

Médecin des Hôpitaux de Grenoble

DOCTEUR ATH. SICARD

Ancien interne des Hôpitaux de Paris

MEIS ET AMICIS

A MON PRÉSIDENT DE THÈSE

MONSIEUR LE PROFESSEUR BRISSAUD

Médecin des Hôpitaux

Chevalier de la Légion d'honneur

Avant d'aborder notre sujet nous tenons à apporter l'hommage de notre profonde reconnaissance aux maîtres qui nous donnèrent un peu de leur science et beaucoup de leur affection.

Que nos premiers maîtres de Marseille, M. le professeur Combalat, MM. les professeurs Caillol de Poncy, Rietsch, Jourdan, M. le docteur Coste, reçoivent l'expression de notre vive gratitude.

A Paris M. le professeur agrégé Troisier, qui voulut bien nous recevoir dans son service à l'hôpital Beaujon, n'a pas été seulement pour nous un excellent maître, il nous a constamment témoigné une affection toute paternelle, qui nous a profondément touché.

L'année passée dans le service de M. le docteur Descroizilles, médecin de l'hôpital des Enfants, qui nous a si clairement initié à la pathologie infantile, aura été pour nos connaissances médicales une des plus profitables, et l'affabilité de notre maître, qui, pendant notre séjour à Paris, nous témoigna sans cesse un affectueux intérêt, restera parmi nos meilleurs souvenirs d'études.

Nous devons un juste tribut de reconnaissance à M. le docteur Morel-Lavallée, médecin des hôpitaux, dont le clair enseignement à l'hôpital Saint-Louis nous a orienté dans l'étude difficile des affections cutanées, et à M. le professeur Pinard qui, par l'intérêt qu'il nous a montré, a su nous inspirer le goût de l'obstétrique et a su nous retenir à la maison d'accouchements Baudelocque, par le charme et l'élévation de son enseignement clinique, au-delà du temps que nous espérions y séjourner.

Notre gratitude s'adresse aussi à ceux de nos maîtres près de qui nous eussions désirer passer un temps plus long, mais qui nous auront du moins fait profiter de leur enseignement si simple et si élevé, MM. les professeurs Brissaud, Panas, Cornil, Mathias Duval et Berger, MM. les professeurs agrégés Retterer et Launois.

Notre ami le docteur Sicard a été pour nous un camarade d'études plein d'affection et de sympathie et nous lui sommes reconnaissant de nous avoir guidé dans le service de M. le professeur Brissaud pour y recueillir les éléments de ce travail.

Notre vieil ami, le docteur Jacquemet a aussi droit à tous nos remerciements pour nous avoir si largement ouvert son service des Hôpitaux de Grenoble, et nous avoir permis d'y recueillir la plupart de nos observations.

Que M. le professeur Brissaud reçoive l'expression de toute notre bien vive et respectueuse gratitude pour l'honneur qu'il nous a fait en nous accueillant dans son service et en acceptant la présidence de cette thèse.

INTRODUCTION

Le syndrome « Hémiplégie » réalise dans le domaine de l'activité musculaire une perturbation trop profonde pour que les Anciens, observateurs pénétrants et judicieux, n'aient pas été frappés des modifications successives que la motilité subit dans de telles conditions; et, de fait, les connaissances qu'ils nous ont léguées sur ce sujet surprennent par leur exactitude, plus peut-être que par leur étendue.

Est-ce à dire que l'étude des diverses réactions du muscle dans les états hémiplégiques soit, aujourd'hui frappée à *priori* de stérilité, comme arrivant trop tard sur un champ trop bien cultivé? Il n'en est heureusement rien : et nous n'en voulons pour témoins que les résultats obtenus dans ces dernières années par une observation plus serrée des processus morbides, résultats qui sont venus tout à la fois modifier tel antique dogme par trop rigide et apporter à la recherche de la vérité scientifique l'appoint précieux de connaissances fécondes. Nous entendons parler des acquisitions récentes faites par la neuropathologie sur la participation des muscles faciaux supérieurs au syndrome considéré; et aussi des manifestations (réflexes ou non), jusqu'alors insoupçonnées, qui ont été découvertes tant dans certains muscles des membres que dans une série d'autres muscles ordinairement groupés en vue d'une fonction nettement déterminée qui leur demande une action synergique, un *consensus* de tous les instants.

Nous nous proposons dans ce travail de grouper, en les résumant, ces acquisitions nouvelles éparses çà et là; et, les ayant étudiées à la lumière des observations cliniques, d'essayer de dégager la portée et la valeur qu'on doit leur attribuer dans l'application, au lit de l'hémiplégique, des données de la pathologie.

Au cours d'un rapide historique, nous verrons comment se sont dégagés, puis affirmés peu à peu, à côté des faits bien connus et de préceptes depuis longtemps établis, des principes divergents et de nouvelles constatations. Chacune de ces conceptions ainsi tard venues sera ensuite (chapitres III et IV) examinée et critiquée (1). Quelle importance faut-il leur attribuer? Et n'y a-t-il pas lieu de se garder contre des illusions qu'elles ont pu faire naître? Ainsi posée, la question sera résolue par la lecture des observations cliniques (chapitre V) dans lesquelles nous trouverons les preuves justificatives de nos assertions.

Pour la rédaction de ce travail, nous avons principalement puisé dans les ouvrages de MM. Brissaud, Raymond Marie et Soury, ainsi que dans les publications de

(1) Après un essai de pathogénie (ch. II).

MM. Babinski, Ballet, Féré, Mirallié, Sicard, Verger et Abadie. Enfin, nous avons trouvé d'intéressantes et démonstratives observations cliniques dans les thèses ou les communications de MM. Deligné, Ganault, Gibotteau, Fauché.

CHAPITRE PREMIER

HISTORIQUE

Poursuivies concurremment de divers côtés, les recherches contemporaines sur l'état et les modes de réaction du système musculaire dans l'hémiplégie, ont abouti à des résultats parallèles et d'ordre très voisin. Nous diviserons en deux parties l'exposé historique de ces travaux : classement un peu artificiel sans doute, mais qui nous paraît utile pour éviter la confusion.

§ 1. — Muscles synergiques, médians ou symétriques.

On connaît l'opinion classique « les muscles synergiques ne sont pas touchés dans l'hémiplégie organique ». Exemple : le territoire musculaire facial supérieur, qu'à la suite de Todd et d'Eichorst, nombre d'auteurs, et non des moins célèbres, proclament inviolé ; exemple encore : les muscles de la paroi costale et abdominale qui, dit-on, fonctionnent sans reproche alors que ceux du bras ou de la jambe font preuve de l'impuissance la plus absolue. Cette manière de voir, qui, on peut le dire, est actuellement encore celle de la majorité, ne réunit cependant pas le consentement unanime. Un certain nombre de contradicteurs se sont rencontrés qui, se basant sur l'observation minutieuse des faits cliniques, ont avancé et prouvé que cette intégrité n'est que relative. Dès lors qu'une perturbation importante vient frapper les centres, les muscles, asynergiques ou synergiques, n'échappent pas à la paralysie : toutefois celle-ci semble avoir ses préférés, et, tandis qu'elle « mord » les premiers, elle ne fait, le plus souvent, que « lécher » les seconds.

Reprenant et développant les idées de Hervey (1), Simoneau (2), en 1877, signale l'atteinte de l'orbiculaire et l'impossibilité de l'occlusion isolée de la paupière, phénomène dont plus tard Revillod fera une étude approfondie ; mais déjà depuis longtemps Legendre (3) avait enseigné le moyen de reconnaître la parésie du muscle considéré. En 1878, Coingt (4), s'appuyant sur la haute autorité du professeur Potain, insiste à nouveau sur la participation au syndrome de l'orbiculaire, tout en faisant remarquer que, souvent, elle est fort légère, n'amène qu'une déformation à peine appréciable et en conséquence doit être recherchée avec soin. O. Berger (5) renversant les termes de la proposition classique, érige la paralysie faciale supérieure en règle générale. La même année Hallopeau (6) établit également que chez un certain nombre

(1) Hervey. *Soc. anat.*, 1874, p. 29.
(2) Simoneau. Thèse doct., 1877.
(3) Legendre. Recherches anatomo-pathologiques et cliniques sur quelques maladies de l'enfance, Paris 1846
(4) Coingt. Thèse de doctorat, 1878.
(5) O. Berger. *Centralblat für Nervenkrankheitein*, 1879, p. 565.
(6) Hallopeau. *Revue de Médecine*, 1879, p. 939.

d'hémiplégiques par lésion organique, le facial est pris dans sa totalité. Ces idées avaient d'ailleurs pour elles la consécration anatomo-pathologique : Duplay (1) dans un travail remontant à 1854 avait produit en regard de deux observations cliniques le compte rendu de la nécropsie, absolument convaincant. — Les autopsies se sont d'ailleurs multipliées, et aujourd'hui grâce aux faits de Brissaud, Mills, Huguenin, Chvostek, ainsi qu'aux expériences directes d'excitation cérébrale de Barthotow, Sciamanna, Lloyd et Deaver la question est, à ce point de vue, plus avancée. — Revillod (2), qui ramène l'attention sur le signe de l'orbiculaire, prend rang parmi les partisans convaincus de la nouvelle théorie ; Gowers (3) enseigne les mêmes principes, faisant remarquer que la paralysie est toutefois moins prononcée que dans le domaine du facial inférieur. Mais les travaux les plus importants de ces dernières années sont sans contredit ceux de V. Pugliese et V. Milla (4). Ces auteurs concluent que le territoire facial supérieur « est d'ordinaire intéressé dans une mesure plus ou moins grande selon le

(1) Duplay, *Union médicale*, août 1854.

(2) Revillod, *Revue Médicale de la Suisse Romande*, 1889, p. 565.

(3) Gowers, Handbuch der Nervenkrankheiten, 1892, T. II, p. 239.

(4) V. Pugliese et V. Milla, Sulla participazione del Nervo faciale superiore nella emiplegia, *Rivista Sperimentale di freniatria*, 1896, XII, p. 805, s. q.

V. Pugliese, Ulteriori osservazioni sulla participazione, etc..., *Rivista di patologia nervosa e mentale*, 1897, II, p. 14, s. q.

V. Pugliese, Sul centro psico-motore dei muscoli superiori della facia, *Ibid.*, 1898, III, 49, s. q.

siège et l'étendue de la lésion cérébrale et du fait des dispositions individuelles. » Leurs recherches ont surtout porté sur le frontal et l'orbiculaire : Pour ce dernier, notamment, ils attribuent une grande importance au signe de Revillod. En un mot, « la parésie des muscles innervés par le facial supérieur ne manque pour ainsi dire jamais dans l'hémiplégie. » Citons encore, sur le même sujet, l'observation de Wallenberg (1), celle de Pandi (2) l'article d'Oppenheim (3) sur la paralysie faciale, le travail de Féré (4), les publications de Mirallié (5) enfin la thèse de Deligné (6).

Les autres muscles synergiques, pour avoir suscité un moins grand nombre de travaux, ont cependant attiré fortement l'attention et provoqué d'intéressantes et fructueuses recherches.

Babinski (7) étudie sous le nom de « spasme associé du peaucier du cou » (8) l'affaiblissement de la contractilité de ce muscle dans l'hémiplégie organique.

(1) Wallenberg. Neurologistes Centralbalt. 1897, p. 199.
(2) Pandi. *Ibid.*, 1897, p. 220.
(3) Oppenheim. Lehrbuch der Nervenkrankheiten, 1898.
(4) Féré. *Nouvelle Iconographie de la Sapêtrière*, mai-juin 1898.
(5) Mirallié. C. R. Soc. Biologie, 26 juillet 1898, n° 26 — Congrès Neurologie, Angers 1898 — *Archives de Neurologie* 1899, n° 37.
(6) Deligné. Contribution à l'Etude de l'Etat du Facial supérieur dans les Hémiplégies cérébrales de l'adulte, Thèse de doctorat, Paris, 26 octobre 1899.
(7) Babinski. *Bulletin de la Société médicale des Hôpitaux de Paris*, 30 juillet 1897.
(8) Qu'il a remplacé depuis (*Gaz. des Hôpitaux*, 5 mai 1900, n° 92) par celui de « signe du peaucier ».

Féré, d'une part, et d'un autre côté V. Puglièse et Milla, appellent l'attention sur l'amoindrissement de l'expansion thoracique et son irrégularité du côté frappé d'hémiplégie.

A. Sicard (1), dans un travail fait dans les services de MM. les professeurs Raymond et Brissaud recherche l'état des muscles abdominaux chez les hémiplégiques par lésion organique : il indique les difficultés et les délicatesses de l'exploration, et il conclut en admettant la participation de ces muscles — selon un degré variable — au processus paralytique.

Ganault (2) admet que le « réflexe abdominal est généralement affaibli ou aboli du côté paralysé » et, en ce qui concerne le réflexe crémastérien, que celui-ci « est le plus souvent aboli ou affaibli » opinion qui est aussi celle de Féré (3).

Un chapitre très intéressant aurait été celui concernant les muscles de la nuque, qui sont eux aussi des muscles synergiques, symétriques et médians.

Nos recherches à cet égard sont trop insuffisantes pour que nous puissions les mentionner.

(1) A. Sicard. Les muscles abdominaux et l'orifice inguinal au cours de l'hémiplégie organique. *Revue Neurologique*, 9 novembre 1899.

(2) Ganault. Contributions à l'Etude de quelques réflexes dans l'Hemiplégie d'origine organique, Thèse de doctorat, Paris, 10 juillet 1898.

(3) Féré. Les mouvements volontaires du crémaster, C. R. Soc. Biologie, 16 décembre 1899, n° 58.

§ 2. — Muscles asynergiques.

C'est surtout aux membres — et l'on saisit aisément pourquoi — que l'étude des muscles asynergiques a été poursuivie, notamment en provoquant par des sollicitations appropriées la contraction réflexe dans les muscles dont on recherchait la réaction.

Mais ce moyen d'appréciation n'est pas le seul. C'est ainsi qu'en 1896, M. Babinski (1) ayant exploré directement les masses musculaires constate leur hypotonicité et donne dans la « flexion exagérée de l'avant-bras » un moyen pratique de la déceler. Cette parésie musculaire, il la constate également au niveau de la ceinture pelvienne et au membre inférieur : là, elle se traduit par la « flexion combinée de la cuisse et du bassin, primitivement dénommée (2) mouvement associé de flexion de la cuisse ».

Néanmoins c'est la recherche des réflexes qui tient la place la plus importante, et c'est le membre inférieur qui va en offrir le plus grand nombre, la totalité pour mieux dire.

M. Brissaud (3) décrit le réflexe du *fascia lata*, obtenu par l'excitation des téguments plantaires et explique « quelles voies nerveuses établissent une connexion

(1) Babinski. Relâchement des muscles dans l'Hémiplégie organique, C. R. Soc. Biologie, 1896, p. 471.

(2) *Id.*, *Bulletin de la Société Médicale des Hôpitaux de Paris*, 30 juillet 1897.

(3) Brissaud. Leçons sur les Maladies nerveuses, IIe série, p. 285, s. q.

entre les neurones plantaires et les noyaux moteurs du *fascia lata* ».

M. Marie signale à la Société médicale des hôpitaux de Paris (1) le réflexe contra-latéral des adducteurs de la cuisse ; ce mode de réaction musculaire croisée est étudiée dans la suite par de nombreux auteurs : MM. G. Hynsdale et J. M. Taylor (2), R. Russel (3), Mies (4), P. Stewart (5), Féré (6), Ganault (7).

En même temps, M. Babinski (8), dans une note du 22 février 1896 expose le résultat de nouvelles recherches sur la réflectivité par excitation plantaire. Il décrit un phénomène non encore observé, qu'il appelle le phénomène des orteils, et qui consiste essentiellement dans l'extension des orteils sur le métatarse, chez les hémiplégiques dont on réveille par un léger frottement la sensibilité plantaire du pied paralysé. Cette communication importante a donné naissance à de nombreux travaux entrepris dans le but de vérifier les assertions de l'auteur ; et il faut dire que si plusieurs d'entre eux sont venus confirmer les conclusions de M. Babinski (9), quelques-

(1) 13 avril 1894.

(2) G. Hynsdale et J.-M. Taylor. *Americ. neurol. an. New-York*, mai 1894.

(3) R. Russel. *Amér. Journ. of Méd. sc. Philad.*, 1896, I, p. 306.

(4) Mies. Neurologisches Centralblatt, Leipzig 1897, p. 1146.

(5) P. Stewart. *Journal of Physiol.*, Cambridge 1897, XXII, p. 61.

(6) Féré. C. R. Soc. Biologie, 8 janvier 1897.

(7) Ganault. *Loc. cit.*

(8) Babinski. C. R. Société Biologie.

(9) *Id.*, Congrès Neurol., Bruxelles, sept. 1897 — Soc. Biol.,

uns tendent à leur accorder moins de valeur. Nous aurons au chapitre IV à les analyser ; qu'il nous suffise pour le moment de citer les principaux. Ce sont ceux de MM. Van Gehuchten (1), Glorieux (2), Ganault (3), Letienne et Mircouche (4), Collier (5), Buzzard (6), Kalischer (7), Boeri (8), Kœnig (9), Cestan et Le Sourd (10), Zlotoroff (11).

Langdon (12), G. Chaddock (13), M. Schüler (14), Martin Cohn (15), Guidiccandra (16), Fauché (17), Verger et Abadie (18). Ces derniers, dans leur étude d'ailleurs

Paris, 25 juin 1898 — *Sem. Méd.* 1898, nº 321 — *Gaz. des Hôpit.*, 8 mai 1900, nº 53.

(1) VAN GEHUCHTEN. *Journal de Neurologie de Bruxelles*, 5 avril 1898.

(2) GLORIEUX. *Journal de Neurologie*, 5 décembre 1898.

(3) GANAULT. *Loc. cit.*

(4) LETIENNE et MIRCOUCHE. Archives générales de médecine 1899, nº 2, p. 191.

(5) COLLIER. Brain, *Journal of Neurol.* 1899, Part. LXXXV.

(6) BUZZARD. *British méd. Journal* 1899, p. 1077.

(7) KALISCHER. Virchow's Archiv. 1899, Bd. CLV.

(8) BOERI. *Reforma medica*, nºs 146, 147, 148, année XV.

(9) KŒNIG. Neurologisches Centralblatt 1899. p. 619.

(10) CESTAN et le SOURD. *Gaz. des Hôpit.* 1899, 23 novembre, p. 1249.

(11) ZLOTOROFF. Thèse de doctorat, Toulouse 1900.

(12) LANGDON. *The Cincinnati Lancet clinic*, 17 février 1900.

(13) G. CHADDOCK. *The médic. Fornightly*, vol. XVII, nº 5.

(14) M. SCHULER. *Neurologisches centralblatt*, 1899, nº 13, p.583.

(15) M. COHN. *Ibid.*, 1899, nº 13, p. 580.

(16) GUIDICCANDRA. *Bull. soc. Lancinana*, 1899, fasc. I, p. 226.

(17) FAUCHÉ. De la valeur du signe de Babinski. Thèse de doctorat, Bordeaux 29 juillet 1899.

(18) VERGER et ABADIE. Recherches sur la valeur séméiologique des réflexes des orteils. *Progrès médical*, 28 avril 1900, nº 17.

très puissamment menée, attaquent fortement les conclusions de M. Babinski.

Tout récemment enfin M. Schæfer (de Berlin) a décrit (1) un nouveau phénomène de contraction musculaire réflexe produit par la pression exercée sur le tendon d'Achille. Ce phénomène, dénommé « Réflexe antagoniste » consiste dans l'extension des orteils consécutive à la manœuvre ci-dessus indiquée ; M. Schæfer lui attribue une grande importance pour le diagnostic de l'hémiplégie organique.

M. Babinski (2) est venu défendre à la Société de Neurologie l'opinion que le réflexe antagoniste n'est autre que le phénomène des orteils

Telle est l'énumération, brièvement faite, des travaux publiés au cours de ces dernières années sur l'étude du système musculaire dans l'hémiplégie, ils sont importants et par leur nombre et par leurs résultats. Nous avons maintenant à les étudier méthodiquement.

(1) Schaefer, *Neurologisches centralblatt*, 15 novembre 1899.

(2) Babinski, (11 janvier 1900) et *Revue neurologique*, 15 janv. 1900, nº 1.

CHAPITRE II

PATHOGÉNIE

La pathogénie du mécanisme, à l'état physiologique et pathologique, des mouvements musculaires synergiques et asynergiques est une étude très complexe et très délicate.

Cette étude pathogénique devrait évidemment être accompagnée de la discussion de l'aphasie, prise dans son sens le plus général et des associations synergiques ou des dissociations asynergiques entre les sens sensoriels, visuel et auditif ; et les centres moteurs, aphémique et agraphique. L'étude des contractures secondaires chez les hémiplégiques, qui a suscité de nombreux travaux depuis la thèse de Brissaud en 1880, l'étude de la déviation conjuguée de la tête et des yeux (Signe de Landouzy et de Grasset) l'étude de l'écriture en miroir, (Signe de Buchwald), qui peut exister, du reste, aussi bien chez les aphasiques, que chez les malades indemnes de lésions des hémisphères, sont des thèmes qui pourraient servir à élucider également des points obscurs de ce chapitre. C'est, au sujet de l'écriture en miroir, l'opinion que nous avons entendu émettre dans son service, par M. le professeur

Brissaud. Mais nous sommes obligé de nous limiter. Nous ne choisirons dans cette esquisse de pathogénie, que quelques côtés de la question et nous essaierons d'interpréter :

1° Le mécanisme des mouvements synergiques à l'état normal.

2° La dissociation de ces mouvements synergiques et leur transformation en mouvements asynergiques, toujours à l'état normal.

3° Enfin le mécanisme des modifications que peuvent subir ces mouvements au cours de l'hémiplégie organique.

Mécanisme des mouvements synergiques.

Il est important d'établir dès l'abord une différence entre les mouvements automatiques, les mouvements associés et les mouvements synergiques, symétriques et médians. Ce ne sont pas là des termes synonymes ; ils ont tous trois une signification qui leur est propre.

Le mouvement automatique est celui qui s'accomplit sans le secours de la volonté, de façon réflexe, mais dont le point de départ a pu être volontaire : il est commandé par le cerveau, puis exécuté inconsciemment par le méso-céphale et la moelle. Les mouvements associés sont toujours involontaires ; ils peuvent accompagner, remplacer ou suivre un mouvement volontaire ou un autre mouvement volontaire, et cela symétriquement ou asymétriquement ; les mouvements synergiques sont des mouvements associés spéciaux : ce sont ceux qui concourent *ensemble* au même but, vers un même acte. La synergie musculaire est évidemment nécessaire à tout mouvement ; et même, un mouvement limité, l'élévation du bras, par exemple, en troublant l'équilibre du corps, suffit pour nécessiter l'action synergique d'une grande partie du système musculaire. Mais nous avons envisagé spécialement dans ce travail comme muscles synergiques, ceux qui se contractent ou se relâchent simultanément et symétriquement, c'est-à-dire au même niveau de chacune des deux moitiés du corps (ce sont ces muscles qui ont toujours une attache médiane, comme M. Brissaud le fait remarquer dans son service). Ces mouvements synergiques peuvent être de deux ordres : volontaires ou réflexes. Encore peut-on admettre que les premiers même s'exécutent en partie avec le concours des seconds.

Cherchons donc à interpréter pourquoi des muscles, comme les frontaux, les orbiculaires, les abdominaux se contractent, en règle générale, synergiquement, c'est-à-dire simultanément et symétriquement.

Le problème doit être ainsi envisagé :

Les deux moitiés motrices du corps sont-elles représentées toutes deux au niveau de chacune des aires motrices des deux hémisphères cérébraux ? Ou au contraire, chacune des deux moitiés motrices du corps n'a-t-elle son centre de représentation que sur l'hémisphère du côté opposé ?

Il semble que l'expérimentation puisse et doive trancher la question.

Voici les renseignements à ce sujet fournis par l'expérimentation.

1° En excitant le cortex cérébral, il semblait facile au premier abord de voir si un seul ou les deux côtés du corps réagissaient à l'excitant. Les physiologistes opérant sur des chiens, sur des singes et des lapins sont arrivés à des résultats d'une identité qui n'est pas toujours parfaite, mais en règle générale ils ont vu que les deux côtés du corps réagissent à l'excitation et que la représentation corticale des mouvements en général était bilatérale (Hitzig, Ferrier, Munck, Franck et Pitres). Il existait des modifications des mouvements du côté correspondant et du côté opposé.

Une expérience s'imposait alors. On connaissait le rôle prépondérant du corps calleux comme fibres d'association entre les deux hémisphères et surtout entre les deux aires motrices. Il fallait exciter d'abord, le corps calleux intact, puis le sectionner et voir si les réactions à la suite de l'excitation corticale restaient bilatérales ou devenaient unilatérales.

Mott et Schaëfer ont pu, en excitant, le corps calleux laissé intact, produire, suivant le point excité des mouvements *bilatéraux* de la tête, du tronc et des extrémités ; et au contraire, les mouvements provoqués par l'excitation directe d'une surface de section du corps calleux, sont des mouvements unilatéraux limités au côté du corps demeuré en connexion avec l'hémisphère intact (Soury).

Sectionnons en effet, le corps calleux chez un chien et, avec Muratow, observons les troubles présentés par l'animal. Revenu du choc, ce chien, d'après Muratow, cité par Soury, offrait l'aspect d'une démence profonde : il s'orientait mal et la marche présentait des troubles profonds d'incoordination.

En outre, l'Anatomie pathologique, chez l'homme ou

chez l'animal, a montré que la lésion ou la section du corps calleux entraînait des troubles de dégénération dans les fibres qui partent du corps calleux jusqu'au niveau de la couche corticale des hémisphères à travers la couronne rayonnante, sans que la capsule interne, les gros ganglions cérébraux ou les pédoncules cérébraux aient été touchés. Les fibres du corps calleux semblent donc passer exclusivement par la couronne rayonnante pour se terminer dans l'écorce du côté opposé.

A côté de ces faits positifs, qui montrent sans aucun doute l'action primordiale jouée par le corps calleux dans la synergie musculaire, existent quelques faits expérimentaux et cliniques qui semblent infirmer ce rôle. Ainsi Franck et Pitres ont pu diviser le corps calleux et la partie supérieure même de la protubérance et ont constaté, après excitation corticale, la persistance des phénomènes de réaction bilatérale. Cependant Horsley, comme le fait remarquer Soury, critiqua les expériences de Franck et Pitres en montrant que les deux moitiés du corps réagissaient, mais de façon toute différente avant et après la section du corps calleux. Les fibres d'association étaient rompues. La réaction corticale *vraie* n'apparaissait que dans le côté opposé, grâce aux fibres décussées bulbaires non sectionnées ; les fibres commissurales ne pouvaient plus transmettre à l'aire corticale du côté opposé l'excitant nécessaire.

Erb a encore constaté dans un cas clinique qu'une hémorrhagie avait fusé à travers toutes les fibres du corps calleux, les dissociant, sans que, cliniquement, des symptômes très appréciables dans le trouble de la fonction musculaire aient apparu.

Malgré ces faits il est indiscutable que le corps calleux joue le rôle de véritable commissure entre les deux hémisphères. Il peut ou représenter une commissure jetée entre des régions symétriques du cerveau : ou peut-être n'être qu'une connexion au plus haut point complexe de chaque sphère motrice ou sensorielle d'un côté et le zones diverses de l'autre côté (Soury).

Voilà donc un premier moyen d'assurer la synergie musculaire : moyen indirect par les voies d'associations à travers le corps calleux. Ce mécanisme n'est pas le seul. Au maintien de cette fonction, prennent part sans doute les fibres cérebelleuses protubérantielles (comme M. Babinski le soutenait dans une des dernières séances de la Société de Neurologie) et surtout coopère le faisceau pyramidal.

Ne sait-on pas que grâce à ce faisceau pyramidal un hémisphère commande, au moins au point de vue de la motilité, aux deux parties du corps, puisque ce faisceau se divise en direct et croisé ? La synergie, (une synergie partielle, puisque le faisceau croisé est beaucoup plus important que le faisceau direct,) est ainsi assurée. L'existence du faisceau direct et croisé pyramidal émanant d'un même hémisphère est prouvée par la méthode des dégénérations. La dégénération des cordons latéraux des pyramides est bilatérale, après une lésion unilatérale. Cette loi est, en générale, vraie, aussi bien chez les aminaux (singe, chien) que chez l'homme.

De plus, cliniquement (et c'est là un fait prouvé) il est

rare que l'on ne puisse mettre en évidence l'affaiblissement, chez un hémiplégique, des membres du côté non paralysé. Les travaux de Türck, de Brown-Sequard, Charcot, Pitres, l'ont montré d'une façon positive : le membre inférieur, du côté non paralysé, est en règle générale, plus faible que le membre inférieur du même côté.

Les hémiplégiques sont dans une certaine mesure des paraplégiques (Charcot et Pitres).

Et cette synergie musculaire qui nous apparaît ainsi éclairée par l'expérimentation animale et l'observation anatomo-pathologique, peut même se démontrer chez l'homme sain, normal, à l'état physiologique. Nous n'en voulons pour preuve que l'observation de Damsch, citée par Soury.

Il s'agit d'un laboureur de 22 ans qui, dès la première enfance, présenta le phénomène des mouvements associés synergiques. Les mouvements les plus compliqués d'une main, par exemple, étaient exactement imités par l'autre. Un côté était mû volontairement, l'autre involontairement. Il n'existait aucun symptôme d'une lésion organique cérébrale ou médullaire.

D'autres faits cliniques étudiés chez les hémiplégiques mettent également fort bien en évidence cette fonction synergique des deux côtés du corps.

On sait, et Remak a insisté sur ce phénomène, que chez un hémiplégique, et surtout chez un hémiplégique contracturé, comme l'a montré M. Brissaud, en provoquant des mouvements du côté sain, l'autre extrémité parésiée exécute alors des mouvements identiques, symétriquement associés ; ou, inversement, les mouvements provoqués du côté sain déterminent, au niveau des extrémités du côté malade les mêmes mouvements (syncinésie).

Bien plus, Remak signale un cas d'aphasie des plus curieux. Chez une malade, atteinte d'hémiparésie droite avec aphémie partielle, la mise en jeu de l'articulation verbale motrice provoquait à certains moments des mouvements associés de l'extrémité du membre supérieur droite. Et Remak ajoute : Si la malade parlait longtemps et surtout s'impatientait de ne pas trouver les mots, le bras gauche participait à ces mouvements.

M. Féré décrit même chez les adultes normaux le syndrome suivant :

« Lorsque l'on écrit de la main droite, dit-il, il ne se passe dans la main gauche aucun mouvement appréciable, ni pour celui qui écrit, ni pour celui qui l'observe ; mais si une main étrangère s'oppose au mouvement de la main droite, le sujet en expérience sent bientôt des mouvements dans sa main gauche et les assistants peuvent le constater ». Ainsi, dit Féré, l'influx nerveux a une grande tendance à prendre la voie symétrique du côté opposé.

Il nous paraît donc démontré par l'expérimentation animale, par l'anatomie pathologique et par la clinique, que chacun des deux hémisphères chez l'individu sain aussi bien que chez l'hémiplégique, régit pour lui seul les deux moitiés du corps. Il n'est donc pas exact de considérer l'innervation du corps comme totalement croisée.

Il est vrai que cette assertion se trouve plus exacte

encore en ce qui regarde la sensibilité, mais les fibres sensitives d'association ne prendraient pas naissance au niveau de la corticalité ; elles se détacheraient plus profondément, au niveau de la couronne rayonnante et de là, traverseraient le corps calleux. Dans une leçon faite à la Salpêtrière, M. Brissaud insistait sur le rôle des fibres d'association passant par le corps calleux dans certains cas de paralysie avec troubles de la sensibilité. Les lésions corticales, unilatérales, superficielles, donnent des phénomènes paralytiques sans troubles sensitifs. Or, étant donné la superposition des centres moteurs et sensitifs de l'écorce, il faut admettre une suppléance de l'hémisphère sain assurant la sensibilité des deux côtés du corps. Et puisque la lésion du carrefour sensitif, ajoute M. Brissaud, produit l'hémianesthésie croisée, c'est donc au-dessus du carrefour sensitif, que se fait un entrecroisement en vertu duquel certaines fibres continuent leur trajet, pendant que d'autres vont à l'hémisphère du côté opposé en passant par le corps calleux. M. Halipré (de Rouen), a repris ce schéma de M. Brissaud et l'a appliqué à l'explication des paralysies pseudo-bulbaires par lésions unilatérales.

Cette digression mise à part, nous sommes maintenant en droit de nous poser, au point de vue de la motilité, la question suivante : Pourquoi sommes-nous, pour la plupart de nos mouvements, des asynergiques, puisque tout concourt à assurer chez nous le fonctionnement bilatéral et synergique de nos mouvements musculaires ?

La réponse prête évidemment matière à discussion. Il nous semble qu'on peut l'envisager de la façon suivante :

Plus que tout autre organe le cerveau est malléable à l'infini, malléable à toutes les impressions nouvelles créées par l'exercice en vue de telle ou telle fonction, série de clichés photographiques qui peuvent persister pendant un temps plus ou moins long, s'effacer rapidement ou au contraire se reproduire et réagir toujours de la même façon, d'après un moulage identique. Et cette éducation, cet exercice poussés à l'extrême chez l'homme feront de ce cerveau un organe différent, sinon anatomiquement, du moins fonctionnellement, de celui des animaux. C'est pour cela que même chez l'homme, pour une lésion cérébrale que nous pouvons supposer identiquement la même, les troubles consécutifs de la fonction pourront être différents. C'est la fonction qui fait l'organe et c'est l'être intelligent, intellectuel, ou la brute qui fait la fonction, chacun d'eux à sa façon et en vue de tel ou tel but.

On sait qu'au cours de ses études sur la mimique des aliénés, Sikorsky, cité par Soury, a fait quelques observations sur les contractions volontaires des muscles de la face qui l'ont amené, au point de pouvoir contracter isolément et successivement le plus grand nombre des propres muscles de son visage, voire des muscles tels que l'*orbitalis inferior*, sur lequel la volonté, suivant Duchenne, n'aurait aucune prise.

La dissociation du mouvement d'abaissement des paupières est un mouvement asynergique ; les mouvements spécialisés de la main dans le jeu du piano, de l'écriture, du dessin, sont aussi des mouvements éminemment asynergiques.

M. Sicard nous a communiqué à ce point de vue une observation qu'il a recueillie dans le service de son maître, M. le professeur Raymond.

On trouve dans cette observation les faits suivants, intéressants et laissés dans l'ombre jusqu'ici : que les mouvements des doigts dissociés asynergiques, chez un joueur de piano très éduqué et devenu hémiplégique droit, n'étaient plus restés asynergiques quand la paralysie s'est transformé en parésie ; les mouvements des doigts se faisaient en flexion ou en extension, en masse, et en une seule fois pour l'index, médius, annulaire et petit doigt ; il existait à peine une petite différence entre l'extension de l'index et la flexion du médius qui pouvaient se faire légèrement en sens opposé au même moment.

Il n'est pas douteux que la fonction asynergique, après destruction du centre cérébral, soit ici redevenue synergique, indépendamment de toute anomalie ou intrication tendineuse anatomique, facteurs dont il faut également, dans une juste mesure, tenir compte.

Mais comment arrivons-nous, par l'éducation et l'exercice, à créer cette dissociation asynergique ? On peut supposer que des centres particuliers asynergiques, non innés par conséquent, mais acquis, se créent ainsi au niveau du manteau gris de l'écorce à la suite de ces mouvements asynergiques répétés : la fonction a créé le centre. Et si l'excitation unilatérale au niveau d'un seul hémisphère n'actionne pas en même temps le centre symétrique du côté opposé, transformant ainsi un mouvement asynergique en un mouvement synergique symétrique, c'est qu'il existe une action d'arrêt, une action d'inhibition. En même temps qu'une excitation se produira au niveau d'un centre asynergique, cortical et unilatéral, il se développera, grâce à cette excitation même, une action inhibitrice qui, par des voies que nous supposerons, passant à travers le corps calleux, viendra réfréner toutes les velléités que pourrait avoir l'autre centre hémisphérique cortical opposé, symétrique, de réagir de concert.

L'exercice, l'éducation, auront donc pour effet essentiel de créer, en même temps que le centre d'action asynergique, des centres d'arrêt, d'inhibition, pouvant agir sur les centres moteurs homologues de l'hémisphère du côté opposé. Au fur et à mesure du développement de ces centres d'inhibition, les fibres calleuses d'association, *très peu nombreuses vraisemblablement pour les muscles marqués à l'avance d'asynergie*, perdent peu à peu et en grande majorité, sinon complètement, leur connexion avec ces centres d'action asynergique et d'inhibition.

Supposons alors une lésion corticale détruisant largement ces centres, *les muscles asynergiques* seront complètement paralysés du côté opposé à la lésion, puisque les centres d'action de ces muscles seront détruits et que les fibres d'association calleuse ne seront pas suffisamment nombreuses et en connexion assez étroite pour assurer la synergie des mouvements symétriques ; les *muscles synergiques*, au contraire, dont les centres, ayant toute lésion cérébrale, n'avaient pas su se rendre indépendants, se délivrer de leurs fibres d'association calleuse, seront évidemment touchés également, mais à un degré infiniment moindre, que les muscles asynergiques. La suppléance synergique sera assurée par les fibres d'association allant à l'hémisphère du côté opposé.

Supposons maintenant cette hémiplégie paralytique très prononcée faisant place à une hémiplégie parétique. Les *muscles asynergiques* reviendront en partie synergiques (signe de Revillod).

En effet les centres d'action de ces muscles synergiques ne sont plus totalement annihilés (puisque ces centres sont les premiers formés. Ce sont donc eux qui doivent reparaître le plus rapidement; les centres d'inhibition ont au contraire encore annihilés (puisque ce sont les derniers formés) et les quelques fibres d'association calleuse (existant également primitivement, dans le tout jeune âge) suffisent à rétablir et à rendre de nouveau synergiques des muscles qui s'étaient affranchis de cette synergie par l'éducation et l'exercice.

On comprend du reste que cette suppléance et ce retour à la synergie des muscles devenus asynergiques par l'éducation, est subordonnée à l'étendue et à la profondeur de la lésion et au degré de l'asynergie antérieure. Les muscles synergiques seront d'autant moins touchés qu'ils auront été moins éduqués vers un but asynergique et que la lésion cérébrale sera plus superficielle et circonscrite.

Nous n'osons aller plus loin dans cette étude pathogénique, elle nous entraînerait progressivement à examiner de près les fonctions du mésocéphale, les centres de coordination des ganglions cérébraux avec leur fibres d'excitation, et d'inhibition corticale, et les troubles asynergiques des pseudo-bulbaires avec leur rires et leurs pleurs spasmodiques.

On sait, par exemple, que les hémiplégies corticales ou sous corticales ne donnent pas lieu, dans la très grande majorité des cas, à des troubles bulbaires. Et cela s'explique. « On accorde en effet, la valeur d'un *postulatum* anatomique à l'hypothèse de la demi-décussation des fibres encéphaliques destinées aux noyaux moteurs de la moelle allongée » (Brissaud).

Les mouvements compliqués d'insalivation, de mastication, de déglutition, de phonation, en dépit de leur spontanéité apparente sont étroitement subordonnés à l'activité de l'écorce.

Peut-être même aurait-on le droit de dire que seuls, ces mouvements bilatéraux, symétriques et synergiques en vue d'une seule fonction, ont leur représentation corticale totale sur les deux hémisphères à la fois, c'est-à-dire qu'en cas d'une lésion corticale d'un hémisphère, il y a une suppléance fonctionnelle absolue de l'autre hémisphère.

Ce chapitre de pathogénie, n'aura donc été utile qu'à mettre mieux en lumière les difficultés qui se dressent à chaque pas au point du vue de la représentation corticale ou sous corticale des mouvements d'une seule moitié du corps, ou des deux moitiés du corps au niveau d'un même hémisphère.

CHAPITRE III

MUSCLES SYNERGIQUES, SYMÉTRIQUES, OU MÉDIANS

Nous étudierons dans ce chapitre un certain nombre de groupes musculaires à fonction associée, muscles synergiques, médians et symétriques ; de la face (m. faciaux supérieurs), du cou (m. peauciers) du tronc (m. intercostaux) et de l'abdomen, (crémaster, orifice inguinal).

§ 1. — Muscles faciaux supérieurs.

Rappelons tout d'abord brièvement, avant de rechercher les modifications que le processus pathologique peut leur imprimer, l'action normale des muscles du territoire facial supérieur : frontal, sourcilier, pyramidal et orbiculaire (1).

A. État physiologique. — *Frontal.* — Le rôle essentiel du frontal consiste dans l'élévation du sourcil ; mais les conséquences de sa contraction sont multiples : 1° raccourcissement plus ou moins marqué du front selon la hauteur ; 2° formation de rides curvilignes plus ou moins

(1) Cf. Poirier. Anat. humaine. — Cruveilhier. Anat. descriptive.

nombreuses et accentuées, courbes à concavité inférieure la plupart du temps symétriques, moins visibles chez l'enfant, marquées chez le vieillard. Cette régularité des rides frontales est d'ailleurs très variable suivant les sujets, et il n'est pas rare de rencontrer des individus dont les rides sont asymétriques. 3° Ascension du sourcil, dont la courbure est augmentée, ainsi que de la peau intersourcilière. 4° Ascension de la paupière supérieure et agrandissement de l'ouverture palpébrale. La portion moyenne du frontal (envisagé dans son ensemble) élève la partie interne du sourcil et participe à la formation des plis médians transversaux du front.

L'action de ce muscle est essentiellement synergique et couplée. On peut voir toutefois des sujets qui possèdent la faculté de contracter isolément l'un des frontaux, plus rarement l'un et l'autre.

Pyramidal. — Le pyramidal est l'antagoniste du frontal (Sappey, Duchenne), il tend la peau du front, l'abaisse et la déplisse ; étant donnée sa situation anatomique, il est surtout antagoniste de la partie médiane du frontal, abaissant la région intersourcilière et la tête du sourcil. Il se contracte synergiquement (Darwin) avec le sourcilier et l'orbiculaire pour rétrécir la fente palpébrale et protéger l'œil contre une trop vive lumière ; de même aussi dans l'effort, et le cri chez l'enfant.

Sourcilier. — Ce muscle, qui se continue par quelques fibres avec l'orbiculaire et par quelques autres avec le frontal, est profondément situé contre l'arcade : c'est le muscle qui fronce le sourcil, *corrugator supercilii* ; sous son action, la tête du sourcil grossit et s'abaisse (en bas et en dedans), d'où, par symétrie, rapprochement des sourcils, et formation d'un pli vertical entre le sourcil et la glabelle. Il peut se contracter synergiquement avec la partie médiane du frontal comme conséquence on note concurremment : froncement et rapprochement des sourcils et de plus obliquité du sourcil en haut et en dedans (action du frontal médian).

Orbiculaire. — L'orbiculaire est composé de deux portions : une partie palpébrale, fine et mince ellipse divisée en deux moitiés selon le grand axe, et une partie orbitaire large, circulaire, d'un seul tenant et encadrant l'arcade orbitaire. La portion palpébrale par le redressement de ses fibres détermine l'occlusion normale, régulière, sans efforts (sommeil, clignement) de la fente qu'elle circonscrit. De ces fibres, pâles, relativement faibles, l'antagoniste direct est le releveur. La portion orbitaire formée de fibres plus puissantes se contracte dans l'occlusion avec effort, dans les pleurs, cris, sanglots, le rire, la toux, l'éternuement, le vomissement, etc. Il se forme alors des plis très marqués sur les paupières, qui sont violemment serrées l'une contre l'autre. Cette partie du muscle a pour synergiques le sourcilier et le pyramidal et comme antagoniste direct le frontal.

B. État pathologique. — L'observation montre que les troubles paralytiques dont sont atteints dans l'hémiplégie les muscles tributaires du facial sont loin de se présenter toujours sous le même aspect. Cette remarque est surtout applicable au territoire facial inférieur ; et l'on sait quelles allures souvent inattendues, il est vrai, revêtent ces paralysies, frappant tantôt tel groupe de muscles et tantôt tel autre ; ou encore respectant systématiquement les muscles à l'occasion exclusive d'une fonction : témoin, les faits que nous avons relatés dans quelques-unes de nos observations. Mais ce que nous venons de dire peut fort bien, dans des circonstances plus rares toutefois, s'appliquer au facial supérieur. D'autres fois, on constatera que c'est ou l'orbiculaire, ou le frontal par exemple qui sont pris presque exclusivement, ou de préférence à leurs antagonistes. On ne peut donc pas donner à l'avance de règle fixe pour ce qui concerne la distribution de ces troubles paralytiques.

Un second fait également important, sur lequel tous les auteurs ont fortement insisté et que nulle constatation n'est venu démentir, jusqu'à présent, est la coexistence de la paralysie du facial inférieur dans tous les cas où le supérieur est atteint. Celui-là est-il indemne ; l'examen le plus minutieux ne fera rien découvrir d'anormal sur le territoire innervé par celui-ci.

M. Brissaud, dans une étude sur les deux principales variétés de paralysie faciale d'origine hémiplégique signale les différences suivantes.

Dans la première variété, les mouvements involontaires de la physionomie sont conservés, et les mouvements volontaires des muscles du visage sont abolis ; dans la deuxième variété, les mouvements volontaires des muscles du visage sont conservés, et les mouvements involontaires ou automatique de la physionomie sont abolis.

La constatation de ces faits, permet, lorsqu'ils sont

très accentués, d'établir le diagnostic clinique des localisations corticales et des localisations centrales.

Les lésions corticales suppriment les mouvements volontaires ; les lésions centrales ou nucléaires suppriment les mouvements de la physionomie

Les faits de cet ordre sont à rapprocher de ceux que M. Brissaud a étudiés dans les leçons consacrées au rire et au pleurer spasmodiques et aux troubles de la physionomie et de la mimique en général.

M. Grasset, dans son Anatomie clinique des centres nerveux (*Actualités médicales*), après avoir constaté que dans la paralysie faciale d'origine centrale (hémisphérique) le facial supérieur est atteint, mais à un bien moindre degré que le facial inférieur, s'exprime ainsi : « De cela, on peut déduire que le noyau du facial (noyau du facial inférieur de quelques auteurs) contient des neurones d'émission pour tout le facial (supérieur et inférieur). Seulement, pour le facial inférieur, le centre péri-rolandique constitue le centre unique, tandis que pour le facial supérieur il n'est que le centre partiel. » (Grasset).

Il est, d'autre part, digne de remarque que, en règle générale, le facial inférieur est toujours paralysé d'une façon plus accentuée : très rares sont les cas où la lésion paraît avoir la même intensité.

Étant connues ces généralités qui, ont peut le dire, régissent la paralysie faciale supérieure, nous allons étudier comment se comporte, vis-à-vis du processus pathologique, chacun des muscles qui occupent cette région. Nous avons appris que leur parésie était le plus souvent légère ; elle devra donc être recherchée avec soin et ne pourra souvent être constatée qu'à l'aide de petits artifices.

Le Frontal. — A l'état de repos (ceci est plus visible chez le vieillard), du côté paralysé le front semble plus lisse, les rides sont moins nombreuses ou moins profondes, abaissées, plus ou moins effacées, leur courbe est moins prononcée. On note de plus l'abaissement du sourcil, et notamment de sa partie externe (queue du sourcil). Pour l'apprécier aussi rigoureusement que possible, Mirallié a proposé de prendre un point de repère fixe : en l'espèce l'angle inféro-externe de la base de l'orbite. Sur ce point facilement reconnaissable et accessible à la palpation on appuie l'extrémité de l'index : il est aisé dès lors de comparer, et de mesurer les différences.

Cet abaissement du sourcil se traduit dans certains cas (en plus du signe précédent) par le redressement de sa courbure : la direction générale tendant à se rapprocher de la ligne droite. La descente du sourcil en masse est souvent assez prononcée pour frapper à première vue : dans les cas moins accentués on pourra encore s'en rendre compte en suivant avec la pulpe du doigt le rebord supérieur de la cavité orbitaire, et comparant avec le côté opposé.

Aucun de ces caractères n'est absolument constant (notamment la modification des rides). Pour éviter d'admettre à tort l'intégrité du facial il est donc indispensable dans certains cas d'avoir recours à un artifice : provoquer la contraction du muscle. (Il est évident que pendant la période de coma cette manœuvre ne peut être utilement employée). On commande au malade d'élever les sourcils : on constate alors que, du côté paralysé, le mouvement, commencé avec un certain retard s'effectue avec plus de lenteur, se produisant non d'une manière continue, mais le plus souvent par saccades ; dans son excursion, le sourcil est plus limité, se trouvant élevé moins haut que du côté sain. Toutes ces différences seront plus apparentes encore au bout de plusieurs contractions successives, la fatigue atteignant plus rapidement les muscles paralysés. De ce même côté les rides présenteront, mais exagérés, les caractères que nous leur avons reconnus tout à l'heure.

Le Pyramidal. — A l'état de repos il est assez peu aisé d'apprécier la parésie de ce muscle, mais dans l'action on pourra la déceler sans trop de difficulté. L'abaissement direct de la peau du front (principalement dans la région médiane) et de la tête du sourcil, la formation du pli transversal intersourcilier — attitude de la méditation — seront plus ou moins compromis, les divers mouvements se feront par à-coups d'une façon plus lente, hésitante pour ainsi dire ; le mouvement d'excursion du sourcil aura moins d'amplitude, le sourcil paralysé s'arrêtant plus haut. Ici encore une série de contractions subintrantes rendra tous ces caractères plus frappants. L'effort chez l'adulte, les cris chez l'enfant permettent d'apprécier aussi les modifications survenues dans les réactions du pyramidal ; mais ici il faudra tenir compte de l'entrée en jeu synergique de l'orbiculaire et du sourcilier qui viennent se joindre au muscle étudié.

Le Sourcilier. — Renforcée d'ordinaire par celle de la partie médiaire du frontal, et partant assez difficile à distinguer dans l'analyse, la contraction du sourcilier a pour résultat, on le sait, de rapprocher la tête des sourcils et aussi, de l'élever obliquement en haut et en dedans. Le déficit de ce muscle doit donc se traduire par une moindre accentuation dans le froncement du sourcil et la formation du pli vertical intersoucilier, par une moindre élévation de sa tête et une direction moins oblique. C'est ce que l'on note effectivement au lit du malade.

L'Orbiculaire. — C'est principalement sur l'état de ce muscle que l'on s'est longtemps basé quand on voulait établir la participation du facial supérieur dans l'hémiplégie mais sa parésie était souvent très peu marquée et, délicate à reconnaître. Comme pour les autres muscles nous l'envisagerons α) à l'état de repos β) en action.

α) La paupière du côté atteint paraît plus lisse, les fins plis qui la sillonnent surtout chez le vieillard) sont moins marqués. La fente palpébrale ne reste pas béante sauf des cas très rares, elle est quelquefois agrandie, le plus souvent rétrécie. Le bord libre présente parfois une forme d'S italique qui est signalé par Deligné (1). « Du côté hémiplégié, en partant de l'angle interne, le bord libre commence à décrire la courbe normale, puis à partir environ du tiers de son étendue la courbe ne se continue plus, la partie externe du bord libre palpébral s'affaisse et se rapproche de la ligne droite ou même présente une convexité en bas ; si bien que dans son ensemble ce bord libre présente la forme d'un S italique très allongé et couché horizontalement. Il

(1) Deligné, *Op. cit.*, p. 32.

en résulte encore que sur ce bord palpébral au point même où la courbe s'arrête brusquement, il existe une sorte d'encoche due au changement de direction brusque au rebord palpébral ».

β) Dans l'occlusion, volontaire ou réflexe, le muscle paralysé est plus lent à se contracter. Féré, explorant la contractilité de l'orbiculaire chez d'anciens hémiplégiques, constate que « l'étude du temps de réaction des deux orbiculaires agissant en même temps permet quelquefois de saisir des différences qui passent inaperçues par tout autre moyen d'examen. J'ai trouvé plusieurs fois ce retard (un à deux centièmes de seconde) chez des hémiplégiques qui paraissaient avoir le domaine du facial tout à fait intact au simple examen du mouvement des paupières. »

Parfois, après occlusion énergique (dans laquelle les deux portions du muscles entrent en jeu, la partie orbitaire renforçant vivement l'action de la portion palpébrale) on peut noter que, du côté atteint, les bords libres, au lieu d'être énergiquement appliqués l'un contre l'autre, laissent entre eux un très léger intervalle. Legendre avait déjà noté la diminution de tonicité de l'orbiculaire. Faisant fermer les deux yeux au malade et appliquant le pouce respectivement sur la base de chaque paupière, il avait reconnu que la résistance éprouvée par le doigt qui essaie de la relever est notablement plus faible du côté de la paralysie. Cette manœuvre est très utile pour déceler un trouble très faible de la puissance contractile du muscle orbiculaire.

Dans un grand nombre de cas, l'occlusion isolée de

l'œil du côté paralysé est absolument impossible (22 fois sur 25, d'après Puglièse et Milla). C'est là ce que l'on a appelé le signe de Revillod (que Simoneau, d'ailleurs, avait déjà parfaitement constaté). Les deux auteurs italiens lui attribuent une grande valeur. « Le symptôme de Révillod, symptôme d'une lésion de déficit, s'observe constamment du côté de l'hémiplégie, soit à droite, soit à gauche ». Nous ferons remarquer toutefois que la faculté de fermer isolément et avec correction un œil (qui, chez les droitiers, est d'ordinaire l'œil gauche) n'est pas au pouvoir de tous; on rencontre bien souvent des individus, surtout des femmes, qui ne peuvent pas y parvenir. Il est donc indispensable de pouvoir s'enquérir, avant d'attacher à ce signe une importance capitale, si le malade possédait cette faculté.

A côté du signe de Revillod, on peut noter dans certains cas le phénomène inverse (1), c'est-à-dire la perte de l'ouverture isolée de l'œil du côté paralysé. Mirallié qui a également constaté ce phénomène, écrit : « Si le malade ne peut fermer isolément l'œil du côté paralysé, il est aussi incapable de l'ouvrir isolément. On fait fermer au malade les deux yeux ; si on lui commande d'ouvrir isolément l'œil sain, il le fait facilement ; du côté paralysé, il est incapable de le faire ; on n'y parvient qu'avec beaucoup de difficulté ». Il peut encore, dans les réactions de l'orbiculaire, exister des modalités singulières : témoin la malade de Mirallié (Cf. Obs. XIII), hémiplégique de 27 ans, qui ne pouvait, une fois les

(1) Clawey. Thèse doct. 1897.

yeux fermés, empêcher la paupière de gauche (côté de la paralysie) de se relever, malgré l'effort de sa volonté. Nous en avons un autre exemple dans quelques-unes des observations citées à la fin de notre thèse, où l'on note une paralysie absolue de l'orbiculaire, portant exclusivement sur les mouvements volontaires, avec conservation des mouvements réflexes.

Quant au mécanisme pathogénique de ces faits, et surtout celui qui vise le phénomène paradoxal du rétrécissement de la fente palpébrale, il est très discuté.

M. Brissaud a essayé l'explication suivante :

« En outre, à l'inverse de ce qu'on observe dans la « paralysie faciale périphérique, l'ouverture palpébrale « au lieu d'être plus large, est plus étroite. Chez quel- « ques sujets, la différence est assez notable pour qu'on « ne puisse douter de l'insuffisance du releveur ; ce der- « nier fait, au demeurant, n'a pas de rapports immédiats « avec la lésion corticale des centres de la 7e paire ; en « effet, le releveur de la paupière est innervé par la 3e « paire, dont la fonction n'est pas troublée par les défi- « cits corticaux. Pour expliquer le rétrécissement de la « fente palpébrale chez les hémiplégiques, je ne vois « d'autre explication plausible que la paralysie même de « l'orbiculaire. De même que dans la paralysie radiale, « les muscles fléchisseurs innervés par le médian, se « contractent avec moins d'énergie, de même dans la « paralysie de l'orbiculaire, le releveur de la paupière « est insuffisant. Le défaut de tonicité de l'orbiculaire, « prive celui-ci du point d'appui nécessaire pour con- « server à la fente palpébrale, sa largeur ordinaire. Il

« ne s'agit donc pas d'une incapacité fonctionnelle réelle, « mais d'une incapacité relative et en tout cas appa- « rente ».

M. Mirallié suppose au contraire que la parésie intéresse directement le releveur de la paupière, et par conséquent le noyau de la 3e paire du moteur occulaire commun. Il objecte à M. Brissaud que dans la paralysie faciale périphérique, le muscle orbiculaire des paupières est complètement paralysé, et que pourtant il y a élargissement de la fente palpébrale.

Nous pourrions répondre à M. Mirallié que parésie n'est pas paralysie. Dans la paralysie faciale d'origine périphérique, l'orbiculaire est totalement paralysé dans la paralysie faciale d'origine centrale l'orbiculaire n'est que parésie. Il se peut très bien que ces variations du tonus musculaire, de l'orbiculaire, affaiblissement dans un cas, abolition dans l'autre, puissent provoquer des perturbations fonctionnelles différentes dans le domaine du releveur de la paupière, et expliquer ainsi les variations d'élargissement ou de diminution de la fente palpébrale. L'hypothèse de M. Brissaud ne serait donc nullement infirmée.

Tels sont les signes de paralysie que l'on peut rencontrer dans le domaine du facial supérieur au cours de l'hémiplégie organique. Mais nous le répétons, ils sont très peu marqués le plus souvent, et leur intensité est variable pour chaque muscle ; de plus elle décroît très rapidement de telle sorte que cette parésie pour être constatée, doit être recherchée prématurément et avec soin. Si Féré a pu en retrouver des traces saisissables chez d'anciens hémiplégiques, il est bien plus fréquent d'assister dans un délai très bref à la disparition de tout indice révélateur. Donc, sauf des cas très rares il y a plutôt parésie que paralysie. Comment ces symptômes fugaces disparaissent-ils, et dans quel ordre ? Il est assez difficile de donner une règle sur ce point, la variété des réactions individuelles étant grande. Toutefois, d'une manière générale on peut dire que les fonctions du frontal et du pyramidal réapparaissent les premières ; le malade élève les sourcils plus haut et avec moins d'à-coup, de même il les abaisse davantage et plus franchement, les rides se reproduisent plus nombreuses, et plus accentuées. Ce qui persiste plus longtemps c'est l'hypotonicité de l'orbiculaire (paupière étalée, déformation en S du bord libre avec encoche, défaut de résistance aux mouvements passifs, temps perdu plus grand ou retard dans la contraction). Mais ces symptômes eux-mêmes arrivent rapidement à disparaître (1).

(1) Les mouvements des paupières, dit JOANNY ROUX, (*Arch. de neurol.*, 1899) sont au point de vue physiologique inséparables de ceux des globes oculaires. Il nous resterait donc à traiter ici des paralysies des muscles de l'œil dans l'hémiplégie organique. Mais ces paralysies sont tout à fait exceptionnelles chez l'adulte (nous n'avons pas en vue ici les syndromes protubérantiels). Il nous suffira de signaler, après GIBOTTEAU, que chez le tout jeune enfant elles sont au contraire fréquentes, paraissant marcher de conserve avec la paralysie faciale supérieure et inférieure. Leur durée peut être d'ailleurs relativement courte, et les symptômes de paralysie oculaire (strabisme) s'amender rapidement au fur et à mesure que s'affaiblit l'intensité de la paralysie faciale. GIBOTTEAU donne pour l'hémiplégie infantile constituée la proportion importante d'un tiers des cas avec strabisme. (Thèse doct., p. 100).

§ II. — Peauciers du cou.

La contraction du peaucier, est à l'état normal, involontaire et se fait par excitation réflexe. Cependant chez certains individus elle peut être soumise à la volonté. L'action de ce muscle, très inégalement développé selon les sujets, consiste dans le soulèvement et la tension de la peau du cou et se manifeste principalement dans l'effort, d'une manière générale (chant, grandes inspirations, vomissement etc.). Dans les grandes émotions de la frayeur il se contracte synergiquement non seulement avec son homonyme, mais encore avec les abaisseurs du maxillaire et le frontal.

Dans l'hémiplégie organique ce muscle peut subir une perturbation que M. Babinski a décrite ainsi (1) « Dans certains actes où le peaucier entre en jeu, la contraction de ce muscle est plus énergique du côté sain que du côté paralysé. Ce phénomène est particulièrement apparent tantôt quand le malade ouvre la bouche toute grande, tantôt quand il fléchit la tête et s'oppose au mouvement d'extension, tantôt quand le malade siffle, souffle ou exécute des mouvements de déglutition. Je me hâte d'ajouter que tous les hémiplégiques ne présentent pas ce signe. Je crois qu'il ne s'agit pas d'un spasme du côté normal, mais plutôt d'une parésie du côté malade qui apparaît dans les mouvements synergiques que les peauciers sont appelés à accomplir et qui se manifeste par la prédomi-

(1) *Gaz. hôp.*, 1900, p. 524.

nance d'action du muscle du côté normal. Je propose d'appeler simplement ce trouble le *signe du peaucier*. Ce signe peut exister aussi dans la paralysie faciale périphérique.

J'ai observé deux sujets atteints d'hémiplégie organique chez lesquels les fibres du peaucier étaient plus apparentes du côté paralysé que du côté sain à l'ouverture de la bouche : il s'agissait probablement dans ce cas d'un véritable spasme ; on constatait du reste en même temps chez ces malades, du côté de l'hémiplégie, un abaissement de la commissure qui était manifestement d'origine spasmodique ; ces faits me paraissent exceptionnels ».

Nous avons rencontré le signe du peaucier chez deux de nos malades. Chez le premier (Obs. XXIX) atteint d'hémiplégie gauche avec contracture, nous avons constaté très nettement de ce côté une diminution de la tonicité. De même pour le second qui présentait une hémiparésie droite avec aphasie légère d'une date toute récente (Obs. XXX).

§ III. — Paroi costale et abdominale. — Orifice inguinal. — Cremaster

A. Paroi costale. — L'appréciation d'une parésie, toujours légère, des muscles intercostaux est chose particulièrement délicate et susceptible de donner une large prise à l'erreur. On a acquis cependant la certitude que ces muscles sont également atteints dans l'hémiplégie organique mais ce n'est jamais que d'une façon très superficielle. Puglièse et Milla, Féré, qui se sont livrés à des recherches sur ce sujet, ont constaté que chez les hémiplégiques, au cours d'une respiration normale, la moitié du thorax correspondant au côté atteint subissait une expansion moindre et moins uniforme que la moitié opposée. Gibotteau rapporte dans sa thèse un fait de Sarah Mac-Nutt, où il est noté (cf obs. II.), d'une façon positive que chez un enfant nouveau-né frappé d'hémiplégie gauche, au onzième et douzième jour il y avait « une diminution des mouvements du côté gauche de la poitrine ». Il nous semble que l'application d'un procédé dérivé de la cyrtométrie pourrait rendre dans ces mensurations quelques services et fournir des résultats intéressants.

B. Muscles abdominaux. — Nos connaissances sur la réaction des muscles abdominaux au cours de l'hémiplégie organique sont bien plus avancées, et les données positives que nous possédons sont venues confirmer les idées générales que l'on se fait aujourd'hui au sujet de la participation des muscles synergiques au processus de paralysie.

Deux moyens s'offrent à nous d'apprécier l'état des muscles abdominaux : ils consistent à provoquer soit leur contraction directe, volontaire, soit leur contraction réflexe.

La contraction réflexe des muscles de l'abdomen peut être obtenue par friction légère sur la peau de l'abdomen et aussi par percussion de la paroi ; le réflexe est évidemment cutané dans le premier cas, et dans le second paraît être tendineux, car il serait plus prononcé si l'on percute vers certaines régions riches en fibres aponévrotiques. Mais quelle est dans ces cas la part de l'excitation cutanée ?... Quoiqu'il en soit, pour obtenir ce réflexe, on placera le malade dans le décubitus dorsal, en position de relâchement moyen. Il faut savoir que, à l'état normal, ce réflexe est plus intense dans l'âge adulte que dans la vieillesse (Parisot, de Nancy), que chez les personnes obèses il est souvent difficilement obtenu, qu'enfin il peut manquer chez certains sujet. Ces réserves faites, Rosenbach qui a étudié la question, constate que chez les hémiplégiques, dans la première période, le réflexe est aboli du côté atteint et persiste du côté sain. Puis au bout d'un temps variable on assiste au retour du réflexe qui demeure néanmoins plus faible que du côté non paralysé, même au bout d'un temps assez long. Ganault (thèse Paris 1898) de l'examen de 81 hémiplégiques anciens avec contracture conclut que « du côté paralysé, le réflexe est le plus souvent aboli, fréquemment affaibli, quelquefois normal, rarement exagéré. Du côté sain il est le plus souvent normal, quelquefois affaibli ou aboli, très rarement exagéré.

A. Sicard (1) sur 22 hémiplégiques a surtout eu en vue l'étude non du réflexe abdominal mais de la contraction volontaire essayée par le malade, ou du côté sain ou du côté paralysé ; il « a noté pour 6 d'entre eux une parésie non douteuse des muscles abdominaux du côté hémiplé-

(1) A. Sicard. *Revue neurologique*, 9 nov. 1899. Les muscles abdominaux et l'orifice inguinal chez les hémiplégiques organiques.

gié ». Il recommande, pour l'application les procédés « suivants. « Il est nécessaire, pour mettre en évidence « cette parésie unilatérale de la paroi musculaire abdo- « minale, d'avoir recours à certains artifices. La respi- « ration ample, la toux répétée, l'acte de rentrer le « ventre, de faire le gros ventre, sont autant de petits « moyens efficaces à ce but. La palpation de l'orifice in- « guinal, l'impulsion intestinale communiquée par la « secousse de toux au doigt qui guette à l'anneau de « l'aine sont également des moyens utiles pour déceler la « paresse musculaire abdominale.

« Chez certains hémiplégiques organiques et du côté « hémiplégié on peut alors observer; dans l'inspiration « ample, profonde, une légère bosselure abdominale; « dans la secousse de toux, une certaine amplitude suivie « d'un retrait plus accusé; dans l'acte volontaire de ren- « trer le ventre, une rétraction moins notable; dans celui « de faire le gros ventre une distension plus marquée; « dans la palpation des piliers inguinaux, un défaut « d'élasticité du pilier inguinal. — Mais il est à noter que « la constation de ces phénomènes est facilitée par la « souplesse de la paroi abdominale, par l'absence d'adi- « pose cellulaire sous-cutanée. Il faut enfin suivre les « malades, les examiner à plusieurs reprises pour ne pas « se laisser influencer par l'état d'une réplétion intesti- « nale mal répartie du fait de l'accumulation des gaz, des « matières fécales ou d'un foie hypertrophié » (Sicard).

Personnellement nous avons noté : 1° (Obs. XXVIII) que chez une hémiplégique droite avec contracture datant de 2 ans le réflexe cutané était très prononcé à gauche, tandis qu'à droite il était plus faible; 2° (Obs. XXIX) chez un hémiplégique gauche également ancien, avec contracture, c'était cette fois du côté contracturé que le réflexe était plus prononcé; 3° enfin (Obs. XXX) dans un cas d'hémiplégie droite récente avec aphasie, la contraction abdominale réflexe était fortement diminuée du côté atteint, normale du côté opposé. Chez ce malade nous avons constaté très nettement par l'examen direct la tonicité moindre de la paroi abdominale frappée d'hémiplégie.

C. Orifice inguinal. — L'orifice inguinal étant formé par les expansions tendineuses des muscles abdominaux (piliers du grand oblique). Il était logique de supposer que la parésie des muscles abdominaux, devait entraîner un défaut de tonicité de l'orifice inguinal. Sicard a, à ce point de vue nouveau, examiné des hémiplégiques (surtout des hémiplégiques hommes chez lesquels la recherche est plus facile); et il a constaté assez souvent ce défaut d'élasticité de l'orifice inguinal. L'impulsion intestinale est perçue au doigt avec beaucoup plus de netteté et d'intensité du côté paralysé, à la suite de la secousse de toux. Dans le service de M. Raymond, il a vu l'apparition nouvelle d'une pointe herniaire très accusée du côté hémiplégié, chez deux sujets, à orifice inguinal, ayant donné issue dans la jeunesse, à une hernie légère tout à fait guérie dans la suite.

La hernie chez les hémiplégiques, du côté paralysé, n'est pourtant pas un fait très fréquent. Cette rareté relative est vraisemblablement due, comme nous l'a fait observer Sicard, à ce que la plupart des hémiplégiques sont forcés de garder le lit, la masse intestinale ne peut donc plus dans ces conditions, peser sur l'orifice inguinal, et le distendre mécaniquement. Lorsque le malade se lève, les muscles des membres à fonctions asynergiques ayant repris au moins partiellement leur motilité première, les muscles abdominaux toujours moins touchés, ne présenteront plus trace de parésie, et accompliront normalement leur fonction de sangle abdominale. Il est cependant possible de voir ces phénomènes parétiques être suivis de phénomènes de contracture. Ganault et Sicard l'ont prouvé : après percussion, les réflexes tendineux abdominaux chez des hémiplégiques aux membres contracturés, ils ont constaté une exagération de la secousse abdominale du côté contracturé.

Sicard, à la Salpêtrière, a pu recueillir l'observation suivante :

« Une femme de 56 ans, hospitalisée à la Salpêtrière, « était atteinte depuis longtemps d'une hernie inguinale « volumineuse gauche à réduction toujours facile ; cette « femme est frappée d'une hémiplégie du même côté, à « la suite vraisemblablement d'un ictus hémorrhagique « capsulaire. Six semaines après le début de l'attaque « apoplectiforme, alors que l'hémiplégie était entrée dans « la phase de contracture et sans que la malade ait quitté « le lit, subitement à la suite d'une secousse de toux, la « hernie s'étrangle.

« Appelé auprès d'elle, on note du côté paralysé, une « contracture accusée, en même temps que l'exagération

« des réflexes, du clonus et de l'extension du gros orteil.
« La réduction de la hernie est impossible. La malade fut « opérée dans un autre hôpital, et on la perdit de vue ».

Peut-être s'agissait-il dans ce cas, conclut l'auteur, d'un certain degré de contracture de l'anneau inguinal à la suite de la paralysie.

D. Crémaster. — Le Crémaster, éventail musculaire descendu de l'abdomen et englobant dans ses rayons de plus en plus écartés le testicule, est un muscle strié à fonction synergique qui doit être considéré, dans la règle, comme échappant à l'action de la volonté. Toutefois il n'est pas très rare de rencontrer des individus qui peuvent à leur gré faire remonter vers l'anneau inguinal tantôt les deux testicules à la fois, tantôt isolément l'un d'entre eux. Mais cette faculté, qui peut être assez prononcée, ne permet pas d'atteindre à l'intensité que présentent les contractions du crémaster dans certains actes de la vie organique, et notamment le coït où les testicules se trouvent énergiquement appuyés contre le périnée. (Il ne faut pas confondre cette action du crémaster avec celle du dartos, lequel produit seulement la corrugation des bourses). Farabeuf (1) prétend que le crémaster n'est pas soumis à l'action de la volonté. Cependant Féré (2) démontre le contraire. Après avoir cité le cas de Boude (Médec. Record 1898) : jeune homme de vingt ans atteint de hernie inguinale gauche qui était capable de rentrer dans le ventre sa hernie et ses deux testicules, ceux-ci

(1) Farabeuf. *Dict. Encycl. des Sc. med.*, 1879, art. Cremaster.
(2) Féré. C. R. *Soc. biol.*, 16 décembre 1898, n° 38.

d'ailleurs mal développés et ne descendant pas au fond du scrotum, il décrit le fait suivant, que nous résumons : Un jeune homme de 16 ans, ayant eu des attaques épileptiques de 12 à 14 ans, avait des habitudes de masturbation vaincues par des pointes de feu sur le rachis. A la suite de cette guérison, il prit l'habitude de s'enfermer dans sa chambre et là, se découvrant devant la glace, d'élever et d'abaisser ses testicules, soit simultanément soit alternativement, cet exercice durant parfois plus d'une heure. « Le sujet fait remonter sans effort apparent ses deux testicules jusqu'à l'anneau. Ce mouvement s'accompagne d'une contraction évidente des muscles de l'abdomen. Il peut remonter alternativement un seul testicule également jusqu'à l'anneau, sans que l'autre bouge. Ces différents mouvements d'évolution simultanée ou isolée peuvent s'exécuter au commandement ; chaque fois le testicule retombe brusquement comme par son poids ; l'ascension est moins rapide, mais peu s'en faut ; elle peut être ralentie et interrompue volontairement, la descente est moins bien contrôlée ; le ralentissement volontaire est souvent interrompu par des arrêts involontaires. Autant qu'on en peut juger par les renseignements, l'amplitude du mouvement était moindre au début de ces exercices étranges ». Ce cas de Féré est un exemple aussi rare que démonstratif de la transformation par l'éducation et la volonté en muscle asynergique d'un muscle ordinairement couplé et synergique. Ces résultats sont à rapprocher de ceux qu'a obtenus sur lui-même le physiologiste russe Sikorsky (1).

(1) Cf. Soury. Le système nerveux central, II, p. 1708.

Quoi qu'il en soit de cette très intéressante observation, et s'il faut admettre avec Weir Mitchell (1) la possibilité pour certains individus d'élever volontairement leurs testicules, il n'en reste pas moins que dans la grande majorité des cas cette faculté n'est pas donnée naturellement à l'homme. D'ailleurs dans ces contractions volontaires, le mouvement d'élévation est très limité et obtenu la plupart du temps indirectement par la mise en jeu des muscles de l'abdomen.

Si la contraction volontaire du crémaster est un fait peu habituel, il n'en va pas de même de sa contraction réflexe, que l'on peut provoquer cliniquement par deux procédés. Le premier, bien étudié par M. Guilliot (2), consiste à exciter par friction la peau de la partie supéro-interne de la cuisse correspondante (Ganault a constaté dans quelques cas que cette zone réflexogène s'étend sur une bien plus grande surface). Le second, dont l'action paraît bien plus certaine, réside dans la compression des tissus de la partie inférieure de la cuisse du côté à étudier, compression moyennement énergique, effectuée en saisissant le membre à pleine main. Ici le réflexe n'est plus seulement cutané : à sa production doivent participer probablement les tissus fibreux, et peut-être l'os et le périoste. Cette seconde méthode est selon Ganault, préférable à la première ; pour nous, elle nous a permis d'obtenir (Obs. XXX), le réflexe du crémaster, alors

(1) Weir Mitchell. The cremaster reflex. *Journ. of nerv. and mental diseases* 1879, p. 578.

(2) Guilliot. *Journal de médecine*, février 1891.

que le procédé d'excitation cutanée simple n'avait donné aucun résultat.

Il est encore une circonstance dans laquelle peut se produire — peu fréquemment d'ailleurs — la contraction du crémaster : c'est lorsqu'on excite la muqueuse uréthrale par le passage d'une bougie. Cruvelhier a signalé cette particularité. « Chez un sujet dont la muqueuse uréthrale était très irritable, l'introduction d'une bougie s'accompagnait d'un soulèvement brusque et prolongé des deux testicules, avec écartement de leurs extrémités inférieures. Ce mouvement d'ascension du testicule était tout à fait indépendant du dartos et du scrotum, lequel restait flasque et pendant au-devant des cuisses ». Ganault a constaté plusieurs fois le même fait. Nous-mêmes l'avons vu se produire dans des conditions absolument identiques chez un homme de trente-cinq ans, dont les réflexes n'étaient pas exagérés, qui n'avait aucune tare nerveuse, et jouissait d'un tempérament particulièrement placide.

La contraction crémastérienne a été recherchée dans l'hémiplégie après Vernicke, Jendrassik, etc., par Féré. Dans le travail plus haut cité, il dit : « sur dix-huit hémiplégiques, capables de marcher en traînant le membre inférieur, douze étaient incapables d'aucun mouvement d'élévation des testicules, quatre ne pouvaient élever que le testicule du côté sain, deux obtenaient une élévation simultanée, mais plus faible du côté paralysé ». A cette petite statistique, il ajoute : « Ces faits montrent : 1° que le crémaster peut obéir à la volonté ; 2° que si en général l'action de la volonté ne peut pas se localiser à un seul côté au choix, il en est autrement dans quelques cas ; 3° que si les mouvements sont ordinairement limités, ils peuvent être très étendus ; 4° que le crémaster peut prendre part aux paralysies qui affectent les autres muscles de la moitié du corps correspondante ».

Nous citerons pour terminer les conclusions de Ganault, qui a examiné 79 hémiplégiques. « *a*) Dans les cas d'hémiplégie ancienne, le réflexe crémastérien est souvent aboli des deux côtés. *b*) Du côté paralysé, il est le plus souvent aboli, fréquemment affaibli, rarement normal. *c*) Du côté sain, il est le plus souvent affaibli, plus rarement aboli, assez souvent normal. *d*) La vieillesse doit être une des causes, mais non la principale, de cet affaiblissement.

De l'ensemble de cette étude sur l'état des muscles couplés synergiques au cours de l'hémiplégie organique, il résulte que, contrairement à l'opinion ancienne, eux aussi sont atteints, dans une mesure variable, mais d'ordinaire faible. Nous pouvons donc conclure qu'il faut admettre, et la clinique nous l'enseigne, qu'au cours de l'hémiplégie organique, les muscles synergiques ne restent pas toujours indemnes du côté paralysé. »

CHAPITRE IV

MUSCLES ASYNERGIQUES

Faire l'étude des muscles asynergiques au cours de l'hémiplégie organique, c'est-à-dire les étudier dans leur phase de flaccidité et dans leur période de contracture nous entraînerait beaucoup trop loin.

Nous savons bien que les théories diverses émises depuis les travaux de M. Brissaud sur le mécanisme pathogénique de la contracture secondaire des hémiplégiques, auraient eu leur place bien marquée dans ce chapitre mais nous avons dû forcément nous limiter; et laissant également de côté toutes les altérations trophiques, atrophies musculaires, rétractions tendineuses que pouvaient présenter les muscles asynergiques, nous nous sommes cantonné à un petit groupe de faits nouveaux, qui nous ont plus particulièrement intéressé : nous voulons parler de la recherche des principaux réflexes, les derniers venus, ceux qui sont discutés encore au point de vue de leur valeur séméiologique.

Au chapitre précédent nous avons noté, chemin faisant, la diminution de tonicité des muscles couplés dans l'hémiplégie organique. Cet état est bien plus prononcé pour les muscles asynergiques et la constatation en est autrement aisée, car ils sont d'ordinaire fortement atteints. Non qu'il ne puisse y avoir place pour des paralysies peu sévères; on connait toute une gamme d'états dits « parétiques » où la fonction motrice est relativement peu compromise; mais la règle la plus ordinaire est sans contredit dans une suppression notable des propriétés de la fibre contractile. Les masses musculaires sont affaissées, relâchées : il est facile de s'en convaincre par la palpation, soit à la face, soit aux membres : l'abaissement de la commissure buccale, l'affaissement de l'épaule, celui du pied et de la main qui abondonnés à eux-mêmes forment avec l'axe du membre un angle plus grand que du côté sain, sont d'incontestables témoins de cette hypotonicité musculaire.

Pour la constater par un procédé qui permit aisément la comparaison, M. Babinski (1) a proposé une manœuvre très simple dont il donne la description ainsi qu'il suit. Lorsqu'on imprime à l'avant-bras placé en supination un mouvement passif de flexion sur le bras et qu'on cherche à appliquer ainsi ces deux segments du membre supérieur l'un sur l'autre aussi fortement qu'il est possible de le faire sans provoquer de douleur et en déployant de part et d'autre la même énergie, on constate, en comparant les deux côtés l'un à l'autre que le degré de flexion est plus grand du côté paralysé. Ce phénomène pourrait être désigné sous la dénomination de *flexion exagérée de l'avant-bras*. Généralement même chez les

(1) Babinski. Relâchement des muscles dans l'hémiplégie organique. C. R. *Soc. biol.*, 1896.

sujets sains le degré de flexion est plus prononcé du côté gauche. Ce phénomène n'a donc de valeur que s'il est très net, et il a une plus grande signification dans l'hémiplégie droite que dans l'hémiplégie gauche. C'est principalement dans les cas d'hémiplégie récente, flasque, sans exagération ou avec affaiblissement des réflexes tendineux qu'on l'observe; mais je l'ai constaté aussi, ce qui peut paraître surprenant, dans quelques cas d'hémiplégie ancienne avec exagérations des réflexes tendineux ». Il faut toutefois prendre garde à une cause d'erreur qui réside dans l'atrophie musculaire possible du membre sur lequel on opère, car dans ces cas le résultat de l'observation est, évidemment, complètement faussé. Il faut également ne pas négliger de s'enquérir, au préalable, si le malade n'est pas gaucher, cette petite précaution pouvant — dans quelques circonstances seulement — mettre à l'abri d'une erreur.

Ce phénomène tient évidemment à l'amoindrissement de la tonicité des antagonistes (si l'on se range à l'opinion courante) ou à un trouble dans leur contractilité (selon l'avis de Beaunis). Nous n'avons pu le constater chez nos malades d'une façon suffisamment positive. D'ailleurs, quand la différence n'est pas très prononcée, quoique réelle, l'appréciation de ce signe est assez délicate.

« Ce qui est essentiel, dans la paralysie centrale, dit Pitres (1), c'est la perte absolue ou relative de la motilité volontaire ». Et en effet, que les mouvements soient conscients ou subconscients, elle subit une altération

(1) Pitres. *Arch. de neurol.*, 1892, IV, 26.

qui contraste quelquefois fortement avec l'intégrité relative de la force musculaire. « On voit, non sans étonnement, dit le professeur de Bordeaux, que tel malade dont la main droite paralysée fournit 20 ou 30 kilogrammes de pressions au dynamomètre, mange cependant sa soupe de la main gauche, et qu'il est incapable d'écrire, de coudre, d'enfiler une aiguille, etc., bien que ces actes n'exigent qu'un très faible déploiement de forces. De même pour les membres inférieurs, qui peuvent avoir la même valeur dynamométrique sans avoir pour cela la même valeur fonctionnelle ».

Un signe traduit cliniquement, entre autres, cette perturbation apportée dans le jeu des mouvements volontaires M. Babinski l'a fait connaître en 1897 (1) : il l'appelle *flexion combinée de la cuisse et du bassin.* Voici la description et l'explication qu'il en donne : « Lorsque, étendu sur un plan résistant horizontal, dans le décubitus dorsal, les bras croisés sur la poitrine, le malade fait un effort pour se mettre sur son séant, du côté paralysé la cuisse exécute un mouvement de flexion sur le bassin et le talon se détache du sol, tandis que, du côté opposé, le membre inférieur reste immobile, ou que la flexion de la cuisse et le soulèvement du talon n'apparaissent que plus tardivement et sont bien moins marqués qu'au membre atteint de paralysie ; en même temps l'épaule du côté normal se porte en avant. Le mouvement que je viens de décrire se reproduit et peut être de façon

(1) J. Babinski. De quelques mouvements associés du membre inférieur paralysé dans l'hémiplégie organique. *Bul. soc. méd. Hop.*, Paris, 30 juillet.

plus accentué que dans l'acte précédent, quand le malade après s'être mis sur son séant, les bras toujours croisés sur la poitrine, porte le tronc en arrière pour reprendre la position primitive. C'est surtout quand le malade se renverse avec brusquerie que le mouvement est prononcé.... Je suppose que c'est la parésie des muscles extenseurs de la cuisse sur le bassin qui est la cause du phénomène qui nous occupe... A l'état normal l'immobilisation de la cuisse paraît être plus ou moins parfaite suivant les sujets. Comme en dehors de l'hémiplégie il peut y avoir entre les deux côtés de légères différences au point de vue qui nous occupe, le mouvement de flexion combinée de la cuisse et du tronc ne peut être considéré comme pathologique que quand, ne se produisant que d'un côté, il est très net, ou que, se produisant des deux côtés, il est bien plus apparent d'un côté que de l'autre. Ce n'est généralement que quelque temps après le début de l'hémiplégie, lorsque les troubles se sont atténués, que ce phénomène apparaît. Dans la première phase, l'impotence du côté paralysé étant complète, ou bien le malade est tellement prostré qu'il est incapable de faire le moindre effort, ou bien quand il cherche à se mettre sur son séant il exécute un mouvement de rotation autour d'un axe longitudinal passant par le côté paralysé ».

Nous avons pu vérifier cette assertion chez un de nos malades (Obs. XXXI), qui n'était atteint que de parésie récente du membre inférieur avec troubles peu prononcés de la parole et de la motilité dans le reste de la moitié du corps.

Nous passerons maintenant à l'étude des réactions musculaires nouvellement signalées, et obtenues par l'excitation réflexe des masses contractiles asynergiques, et nous examinerons successivement le *fascia lata*, les adducteurs de la cuisse et les muscles moteurs des orteils (extenseurs et fléchisseurs).

§ I. — Muscle fascia lata.

L'excitation de la surface cutanée plantaire, est susceptible de produire un certain nombre de contractions musculaires différentes. M. Brissaud enseigne que par le frôlement ou le frottement léger, on peut produire la contraction isolée du muscle tenseur du *fascia lata* ; mais il est pour cela nécessaire d'agir très doucement. Si l'excitation est plus forte, on provoque un mouvement d'ensemble du membre inférieur, dont les divers segments se fléchissent les uns sur les autres. M. Ganault a constaté avec une excitation extrêmement faible, la contraction de quelques muscles du pied (interosseux, abducteur du petit orteil), avec des excitations de plus en plus fortes, il note successivement la contraction du tenseur du *fascia lata*, puis celle du fléchisseur commun des orteils, et enfin celle du jambier antérieur.

Dans ses « Leçons sur les maladies nerveuses, tome II », M. Brissaud expose la manière d'obtenir la contraction du tenseur du *fascia lata*, puis le trajet que parcourt l'arc réflexe qui s'étend, dans la moelle, du niveau d'émergence des 2e et 3e paires sacrées au niveau d'émergence des 4e et 5e paires lombaires. Ganault a examiné ce réflexe chez un certain nombre d'hémiplégiques récents ou anciens ; mais comme il comprend, sous le nom de réflexe plantaire, à la fois le réflexe de Brissaud et la contraction des fléchisseurs du pied, il est malheureusement impossible de savoir ce qui revient à chacun d'eux ; confusion fâcheuse, et que l'on regrette dans un aussi excellent travail. Pour nous, nous avons constaté, tantôt l'absence du réflexe des deux côtés, tantôt, son affaiblissement du côté paralysé, et son existence du côté sain, tantôt enfin son exagération des deux côtés, mais surtout du côté paralysé. Il s'accompagnait quelquefois, chez ce dernier malade, d'une contraction très vive du couturier. Cette double contraction est indiquée par Brissaud, qui signale également la contraction simultanée du tenseur et des adducteurs, et même la contraction isolée de ces derniers. Mais celle-ci est, dans ces cas, fort rare ; elle se produit au contraire fréquemment dans les conditions que nous allons maintenant analyser.

§ II. — Muscles adducteurs de la cuisse

Si sur certains sujets placés dans le décubitus dorsal, genoux fléchis, talons joints et cuisses largement écartées, on percute le tendon rotulien, on peut voir se produire *du côté opposé* une contraction des muscles adducteurs qui se traduit par une saillie plus marquée de ces masses musculaires et un mouvement correspondant d'adduction. Ce mouvement est plus ou moins marqué selon que la contraction est elle-même plus ou moins énergique ;

dans quelques cas on verra le genou se rapprocher vivement de la ligne médiane. Ce fait se produit sans préjudice du réflexe patellaire obtenu directement sur le membre percuté. Si, pour des raisons quelconques, on n'emploie pas la position que nous venons de décrire dans la recherche de ce réflexe, on peut également le constater en plaçant le malade dans le décubitus dorsal, les jambes étendues et légèrement écartées. La percussion du tendon rotulien se traduit dans les cas positifs par un mouvement d'adduction du gros orteil qui est entraîné vers le côté opposé.

Tel est le réflexe contra-latéral des adducteurs de la cuisse, que M. Marie a décrit à la Société médicale des hôpitaux de Paris. Avant lui Thüe (1) (1888) avait bien signalé une contraction réflexe croisée, due à la percussion du tendon rotulien, mais elle portait sur le quadriceps. Strümpell avait également constaté (Deutsch. Arch. fur Klin méd., 1879), les réflexes croisés analogues, mais ses conclusions furent attaquées par Sternberg (1893). D'ailleurs ces deux auteurs considéraient comme réflexes croisés des réflexes se produisant bilatéralement. L'individualité du réflexe contra-latéral a donc bien réellement été établie par M. Marie. Nombre d'auteurs étudièrent ce réflexe après la publication de Marie, et notamment Féré, sur les hémiplégiques. Cet auteur l'a rencontré une fois sur six environ. Ganault, après Marie et Féré, s'est livré à des recherches intéressantes sur le même sujet, il établit que ce réflexe peut

(1) Thüe. Norsk. mag. f. Lægevidensk, 1888.

intéresser non seulement les adducteurs, mais encore d'autres muscles : biceps, triceps et adducteur, triceps et couturier, triceps couturier et tenseur, et donne les conclusions suivantes : « *a)* Dans le cas d'hémiplégie récente, nous avons constaté l'existence de ce réflexe vingt-quatre heures après le début de l'affection. *b)* Chez les hémiplégiques anciens, ce réflexe existe dans la proportion de 57 pour 100. Dans la grande majorité des cas, il ne se manifeste que par la percussion du tendon rotulien du côté sain. Plus rarement, il peut être provoqué par l'excitation du tendon rotulien du côté paralysé ; quelquefois il existe des deux côtés. *c)* La prédominance de la contraction des adducteurs du côté paralysé peut constituer un bon signe de présomption pour le diagnostic de l'hémiplégie. *d)* Le réflexe contra-latéral constaté chez un malade atteint d'hémiplégie déjà ancienne (un an) peut disparaître à l'occasion d'une nouvelle attaque intéressant l'autre côté du corps. « Cette proportion de deux tiers est celle dans laquelle nous avons nous même constaté le réflexe contra-latéral chez les malades que nous avons examinés.

A côté des recherches précédentes, il faut citer un travail que Wertheim Salomonson a publié dans le *Neurologisches centralblatt* de 1899 sur les plis cutanés formés par les adducteurs dans la paralysie infantile. Ce pli est situé à 3 ou 4 centimètres au dessous du périnée, Dans la paralysie d'origine cérébrale, il s'abaisse de 5 à 10 millimètres, et même il se forme parfois un peu au dessous un second pli moins prononcé ; un spasme notable des adducteurs existe dans tous les cas. Le second pli correspondrait sur la face interne de la cuisse à l'endroit où le couturier contourne le vaste interne.

§ III. Muscles moteurs des orteils.

A. *Le réflexe des orteils* — Nous avons vu plus haut que l'excitation du tégument plantaire (Brissaud) pouvait produire des réactions motrices portant sur des muscles divers. « En frôlant très légèrement la plante du pied dans son tiers externe (territoire du nerf plantaire externe, nous avons très souvent observé un faible mouvement de flexion et d'écartement de la première phalange des trois derniers orteils. Si au contraire, cette légère excitation portait sur le territoire du nerf plantaire interne nous avons observé la flexion sans écartement des quatre derniers orteils, le gros restant généralement immobile... Chez de jeunes enfants de quatre à cinq ans, nous avons été frappés de la tendance manifeste non seulement des orteils, mais du pied lui-même tout entier à se mettre en flexion... Ainsi il semble bien que chaque nerf ait son mode de réaction réflexe particulier, celui par lequel se manifeste l'irritation du nerf plantaire externe se caractérise par l'abaissement et l'écartement des derniers orteils, celui qui traduit l'excitation du plantaire interne paraît plus particulièrement consister dans la flexion sans écartement des premiers orteils. » (Ganault).

M. Babinski a fait connaître un phénomène nouveau (1). « J'ai observé, dit-il, que chez les hémiplégiques l'excita-

(1) J. Babinski. C. R. *Soc. biol.*, 22 février 1896.

tion de la plante du pied du côté paralysé est suivie d'une extension des orteils au lieu de la flexion qu'on observe à la suite de la même excitation du côté sain ». Dans une clinique de la Pitié (juillet 1898), il fixé la technique qu'on doit employer dans la recherche de ce phénomène : « Il importe que les muscles du pied et de la jambe ne soient pas en état de contraction et pour obtenir ce résultat, il est bon de ne pas prévenir le sujet. La jambe doit être légèrement fléchie sur la cuisse et le pied reposera sur le lit par son bord externe, ou bien sera privé de tout appui. On attendra pour procéder à l'excitation que les muscles paraissent bien relâchés.

Il n'est pas indifférent d'exciter légèrement ou énergiquement la plante du pied. Ce dernier mode d'excitation est nécessaire chez certains sujets pour faire apparaître un mouvement réflexe des orteils ; mais par contre il donne lieu chez d'autres individus à des mouvements si vifs qu'il est difficile de les analyser. Il y a encore une cause d'erreur à signaler. Les orteils suivent nécessairement le pied dans le mouvement de flexion qu'il exécute sur la jambe à la suite de l'excitation de la plante ; si donc le mouvement de flexion sur le métatarse fait défaut, les orteils entraînés passivement vers la partie antérieure de la jambe peuvent donner l'illusion d'un mouvement d'extension. Pour éviter cette cause d'erreur il faut avoir soin d'examiner la région de l'articulation métatarso-phalangienne du gros orteil, afin de voir comment se comportent l'une par rapport à l'autre la phalange et le métatarse.

Les observations sur lesquelles Babinski appuyait sa

communication furent tout d'abord confirmées par un certain nombre d'auteurs, Van Gehuchten, Letienne et Mircouche, Buzzard, etc., etc. Dans un très important travail, qui fait époque, Cestan et Le Sourd insistent sur la grande valeur à accorder au signe de Babinski. Mais au fur et à mesure que les observations se multiplient, les contestations s'élèvent. Les conclusions de M. Cohn et de Schüler établissent que chez un adulte normal on peut obtenir soit la flexion, soit l'extension des orteils, soit même un résultat nul ; de même Guidiccandra dit avoir observé le phénomène des orteils chez des adultes parfaitement sains. Fouché constate que le signe de Babinski peut manquer 2 fois sur 9 paralysies organiques ; il le rencontre 3 fois sur 30 adultes sains. Il faut remarquer que dans certains cas si on excite la région interne on obtient de la flexion, la région externe de l'extension ; que, d'autre part, l'excitation d'un même point peut tour à tour produire tantôt la flexion, tantôt l'extension.

Ganault (1) dit, avec beaucoup de justesse. « L'impression qui se dégage de toutes ces recherches (sur les réflexes plantaires) c'est qu'il faut accorder à ces malades (les hémiplégiques) une grande susceptibilité nerveuse aux influences extérieures. Suivant qu'il fait chaud ou froid, qu'ils sont gais ou tristes, l'intensité réactionnelle de leurs réflexes plantaires varie (beaucoup plus que pour aucun autre réflexe). Ils sont très sensibles aux changements de temps, sans que nous ayons pu discerner si cet influence avait pour effet l'exagération ou l'affaiblissement

(1) GANAULT. *Loc. cit.*, p. 91.

de ce réflexe. En général la sensibilité réflexe paraît s'épuiser assez vite chez eux, surtout du côté paralysé. Cependant il est certains malades chez qui cette excitabilité réflexe au lieu de s'atténuer après quelques irritations, paraît au contraire s'augmenter » (Ganault).

En présence de ces conclusions contradictoires des recherches approfondies s'imposaient. Elles ont été entreprises tout nouvellement par MM. Verger et Abadie, et publiées (1) dans un travail du service de M. Pitres. Nous ferons de larges emprunts à ce très documenté travail. Après avoir tout d'abord poursuivi l'étude du réflexe à l'état normal, ces auteurs ont abordé celle du phénomène des orteils sur des sujets porteurs d'affections de diverse nature.

A. Sujets sains. — « Les effets de l'excitation de la voûte plantaire sont extrêmement variables. En premier lieu toute la surface de la voûte n'est pas excitable au même titre, le frottement étant plus efficace au niveau du bord interne du pied. Il faut donc, dans chaque examen, rechercher avec soin le point excitable. Même avec cette précaution on n'obtient souvent aucun mouvement des orteils. En second lieu, si le plus souvent l'excitation de la plante donne lieu à la flexion des orteils des deux côtés, ce mouvement ne se produit que pour un petit nombre d'excitations successives, soit tolérance, soit épuisement, au bout de très peu de temps il est impossible d'obtenir la moindre réaction. Enfin, fréquemment, tel sujet qui réagissait un jour par de la flexion des orteils ne donne

(1) Verger et Abadie. *Progrès médical*, 1900, n° 17.

plus le lendemain aucune réaction à des excitations identiques. « Ces réserves faites », la flexion des orteils constitue chez les sujets sains la réaction normale à l'excitation cutanée de la voûte plantaire. Rarement elle existe au même degré pour tous les orteils ; tantôt le gros orteil seul, tantôt les deux premiers, tantôt les trois ou quatre derniers seuls se fléchissent.

B. *Sujets atteints d'hémiplégie organique.* — « Il est très malaisé, à l'heure actuelle, après tant de travaux confirmatifs, de critiquer la valeur sémiologique du réflexe de Babinski. Cependant les constatations que nous avons faites au cours d'examens répétés, en nous gardant soigneusement de toutes les causes d'erreur indiquées nous obligent à refuser à ce signe la haute importance que d'autres recherches tendent à lui accorder. Le réflexe des orteils existe, à n'en pas douter ; il est même fréquent chez les hémiplégiques organiques. Mais il se montre souvent avec des caractères tels que l'examen le plus attentif laisse forcément des doutes sur sa valeur dans un esprit impartial.

Il peut tout d'abord faire défaut dans des cas certains d'hémiplégie cérébrale s'accompagnant de dégénérescence descendante du faisceau pyramidal. Nous en avons rencontré deux exemples très nets.

Il peut apparaître des deux côtés avec une lésion unilatérale. Cette observation a été faite chez une malade en coma apoplectique par hémorrhagie de l'hémisphère droit.

Dans un même examen, en pratiquant une série d'excitations identiques, les résultats ne sont pas toujours constants. Bien plus, les résultats de deux ou de plusieurs examens successifs, pratiqués à quelques minutes comme à plusieurs heures ou plusieurs jours d'intervalle ne restent pas toujours semblables à eux-mêmes. Quand le réflexe existe, « d'une manière générale, le mouvement d'extension n'est vraiment constant que pour le gros orteil : les autres prennent une part différente et plus ou moins marquée chez les divers individus.

Nous ne voulons pas affaiblir par des commentaires l'importance des constatations qui précèdent. Nous donnerons seulement le résumé de cinq observations (quatre de Fauché. Observation XXXII, XXXIII, XXXIV, XXXV, et une personnelle XXIX). On constate :

Du côté paralysé :	*Du côté sain :*
Obs. XXXII. Extension du gros orteil, immobilité des autres.	Flexion des cinq orteils.
Obs. XXXIII. Extension des 3 premiers, flexion des 2 derniers.	Flexion des cinq orteils.
Obs. XXXIV. Tantôt flexion, tantôt extension.	Flexion des cinq orteils.
Obs. XXXV. Extension des 2 premiers, flexion des 3 derniers.	Flexion des cinq orteils
Obs. XXX. Tantôt flexion du premier, extension des 4 derniers.	Immobilité du premier, flexion des 4 derniers.
Tantôt extension du premier, flexion des 4 derniers.	

Nous croyons avoir produit un nombre suffisant d'arguments appartenant à des observateurs différents, en faveur d'une revision de l'opinion qu'on tendait à se former sur la valeur du réflexe de Babinski, en tant que symptôme important d'une lésion de la voie pyramidale, et nous pensons que ce phénomène, accompagne à la vérité très souvent les perturbations du système moteur, mais qu'il ne faut jamais l'envisager seul, à l'état isolé pour poser un diagnostic, et ne se prononcer qu'après avoir étudié en même temps l'état des autres réflexes, et le phénomène du clonus.

B. Le réflexe de Schæfer. — Le dernier venu des réflexes nouvellement signalés est celui que Schæfer a décrit tout récemment dans le *Neurologisches Centralblatt* (1). Si sur un sujet sain on comprime énergiquement en son mili u le tendon d'Achille, on produit — en plus d'une douleur très désagréable — une flexion du pied et du gros orteil, quelquefois de tous les orteils. Chez les hémiplégiques, au contraire, la même manœuvre donne naissance, du côté paralysé à une forte extension des orteils. Ce réflexe a été dénommé réflexe antagoniste, puisqu'il se passe non dans le muscle excité mais dans ses antagonistes. Il serait dû à une lésion centrale, et aurait pour le diagnostic sémiologique une valeur prépondérante.

M. Babinski a protesté à la Société de Neurologie (2) contre cette interprétation ; il assimile le phénomène décrit par Schæfer à celui qu'il a signalé sur l'extension

(1) Schæfer. *Neurol. centralbl.*, 15 novembre 1899.
(2) 11 janvier 1900.

des orteils et conclut que ce réflexe est dû à l'excitation de la peau qui recouvre le tendon d'Achille. « Rien n'autorise donc à soutenir, dit-il, que le réflexe de Schæfer soit un réflexe tendineux antagoniste. Il y a tout lieu d'admettre qu'il s'agit d'un simple réflexe cutané. En résumé, ce prétendu réflexe antagoniste n'est autre chose que le phénomène des orteils, qui peut être provoqué non seulement par le chatouillement de la plante du pied, mais aussi par l'excitation d'autres parties du tégument ».

Verger et Abadie reprenant pour le R. de Schæfer des recherches analogues à celles qu'ils avaient effectuées pour celui de Babinski, nous apprennent que : « 1° Pour produire une réaction motrice des orteils, le pincement du tendon d'Achille doit être énergique et soutenu. Dès lors, il devient douloureux. 2° Sur 48 sujets normaux, le pincement du tendon ne provoque aucun mouvement dans 15 cas ; dans 20 cas, on obtient des deux côtés la flexion de tous les orteils, flexion portant sur des segments différents. 3° Dans tous les cas le mouvement de flexion est toujours lent et dure un temps appréciable. 4° Dans cinq cas, le réflexe était contradictoire (flexion d'un côté, extension de l'autre). 5° Dans l'hémiplégie organique, le prétendu réflexe antagoniste n'existe pas. Chez 15 hémiplégiques de cause organique incontestable, à des époques variables de l'évolution, le pincement du tendon d'Achille a toujours produit la flexion du gros orteil seul ou de tous les orteils, du côté paralysé comme du côté sain. Donc le phénomène de Schæfer n'est pas un signe constant de lésions cérébrales, puisqu'il manque dans l'hémiplégie cérébrale vulgaire, et qu'il peut apparaître en dehors de toute lésion des centres cérébraux..... Sa valeur clinique est, par suite, presque nulle ».

Enfin, comparant entre eux les deux réflexes et discutant l'opinion de Babinski sur leur identité, ils ajoutent : « D'ores et déjà, nous pensons avoir surabondamment démontré, tant chez les sujets normaux que pathologiques, que le pincement du tendon d'Achille produisait un effet propre, indépendant des excitations cutanées portées à son niveau ».

M. Sicard nous a montré et nous avons pu le constater avec lui, que le prétendu réflexe de Shæfer était dû uniquement à la compression, toute mécanique des tendons du muscle long fléchisseur des orteils et fléchisseur propre du gros orteil, au niveau de l'entrée de ces tendons dans la gouttière du calcanéum. Il n'est pas besoin de pincer fortement entre les doigts le tendon d'Achille pour produire le mouvement de flexion des orteils ; il suffit, encore une fois, comme nous l'a montré M. Sicard, de produire au niveau de la gouttière calcanéenne des pressions alternatives vers la région profonde, pour déterminer la flexion des orteils. Au cours de l'hémiplégie organique, on n'observe jamais par cette pratique de mouvement d'extension. Au cours de certaines névrites périphériques très accusées, M. Sicard nous a dit avoir constaté par cette manœuvre, l'absence de toute flexion des orteils.

Il se passe au niveau des membres supérieurs un phénomène analogue.

Il suffit de comprimer par pressions alternatives le membre supérieur au niveau du poignet, pour voir aussitôt un mouvement de flexion des doigts se produire. (Sicard). Ce mouvement est plus ou moins accusé suivant l'intensité de la pression et probablement la disposition anatomique des juxtapositions tendineuses.

On ne peut tirer dans ces conditions de l'étude de cette flexion digitale aucun renseignement utile au cours des hémiplégies. (Sicard).

OBSERVATIONS

Nous allons reproduire d'abord quelques observations empruntées à la thèse de Gibotteau; observations qui semblent à première vue ne pas cadrer avec les faits que nous avons discutés dans notre thèse.

Gibotteau prétend, en effet, que chez les enfants l'hémiplégie faciale supérieure est fréquente et avancée. Pour soutenir cette idée, et tenter une localisation *corticale* du facial supérieur, il s'appuie sur des observations de Valleix (Obs. I), de Sarah Horn, de Tapret. Or nous avons analysé depuis avec M. Sicard ces observations, et nous avons été bientôt convaincu que dans certains cas, le trouble mentionné du facial supérieur pouvait dépendre d'une application longue et mal faite du forceps, dans d'autres cas, les autopsies notaient une dilacération énorme unilatérale hémorrhagique ou traumatique de la couche rayonnante profonde (1 cas) des noyaux gris centraux (1 cas) du cervelet (1 cas), il était alors logique de supposer une lésion directe du noyau bulbaire. Si bien que Gibotteau, après avoir discuté et analysé consciencieusement, les cas d'hémiplégie chez les jeunes enfants, (cas recueillis dans son service d'hôpital) est obligé lui-même de se contredire à quelques pages d'intervalle et de conclure ainsi au chapitre symptomatique des troubles de la face : « l'ouverture palpébrale ne nous a pas paru modifiée » (page 129 ligne 3).

OBSERVATION I

(VALLEIX citée par GIBOTTEAU. Thès. Doct. Paris, 1899) Résumée.

Hémiplégie gauche totale temporaire. — Paralysie faciale supérieure. — Lésion profonde étendue de la capsule interne

Enfant né après un travail un peu long. Pas d'asphyxie, mais il existe un céphalématome.

Hémiplégie gauche de la face et des membres, la paupière supérieure gauche ne peut se fermer complètement, « la commissure droite est fortement tirée pendant les cris, pendant les mouvements respiratoires ; si on approche l'enfant d'une vive lumière, il n'apparaît de rides au front que du côté droit. La joue est flasque, sans mouvement, un peu œdématiée » (1). La paralysie du corps est moins complète et d'autant moins marquée qu'on s'éloigne des parties supérieures. Il semble n'y avoir aucun trouble du côté des sens.

Au 15e jour l'enfant mouvait ses membres comme les autres, la paralysie faciale était en voie de guérison, enfin 10 jours après la naissance, il ne gardait plus qu'un petit tiraillement de la commissure des lèvres. Mort par pneumonie au 15e jour.

Autopsie. — Dans la tranche postérieure de la capsule interne, il existe une déchirure de la substance cérébrale, sorte de sillon courbe horizontal long de quatre lignes, large d'une ligne et demie à son centre. En le fendant dans sa longueur il est facile de recon-

(1) VALLEIX. Clinique des maladies des nouveaux nés. Paris, 1838.

naître les restes d'une grande cavité revenue sur elle-même ; il y a dedans un caillot, libre d'adhérence. Au pourtour de ce sillon la substance cérébrale est molle et de couleur jaune bleuâtre.

OBSERVATION II

(GIBOTTEAU, *Ibid*) Résumée

Hémiplégie gauche. — Paralysie faciale supérieure. — Destruction des ganglions cérébraux

Présentation du siège, accouchement normal. Le jour qui suit la naissance, la respiration est irrégulière. Au quatrième jour surviennent des convulsions bilatérales de la face et des membres ; à chaque effort de déglutition, la cyanose paraît imminente. Au onzième et douzième jour, ces convulsions cessent, le petit malade est en stertor, il crie dès qu'on le touche. A ce moment il y a diminution des mouvements du côté gauche de la poitrine. Au 15e jour l'hémiplégie gauche est totale. L'œil gauche reste continuellement ouvert.

Autopsie — Liquide céphalo-rachidien en quantité surabondante, tant pour l'arachnoïde que dans les ventricules. A droite, sur la convexité, on voit un large épanchement coagulé qui s'étend du lobe frontal au lobe occipital, du corps calleux à la branche horizontale et la scissure de Sylvius. Le maximum des lésions occupe la région rolandique ; là les circonvolutions sont détruites et l'épanchement pénètre, à travers les *ganglions réduits en bouillie*, jusque dans le ventricule, dont il envahit partiellement la cavité.

OBSERVATION III

(Thèse Doct, Paris 1889. GIDOTTEAU) Résumée

Hémiplégie en voie d'évolution chez un jeune enfant. — Pas de paralysie faciale supérieure

L..., Louise, 20 mois. Mère très nerveuse et phtisique. L'enfant a été élevée au biberon, à la campagne, mal soignée et probablement alcoolisée. A eu de fortes convulsions à l'âge de six mois. A 14 mois, on l'a retirée des mains de la nourrice et on s'est aperçu qu'elle avait le bras et la jambe gauche légèrement atrophiés.

Etat actuel. — Paralysie faciale inférieure, joue gauche légèrement bouffie, étalée, la convexité s'est effacée et l'angle de la courbure est remonté de ce côté. La peau est tremblottante, d'une manière très appréciable. La commissure gauche est abaissée. La langue a sa pointe déviée vers la droite et son excursion à gauche est limitée. Rien au voile du palais, la luette est symétrique. Pas de strabisme, pupilles normales. Pas d'inclinaison latérale de la tête.

Membre supérieur gauche légèrement atrophié, flaccidité appréciable, contraction idio-musculaire médiocrement développée (ainsi qu'à droite). On ne réussit pas à provoquer le réflexe tricipital non plus que ceux du poignet. Mouvements volontaires réduits à quelques déplacements latéraux de peu d'amplitude. Membre inférieur gauche. Atrophie et flaccidité appréciables, réflexe tricipital exagéré (normal à droite). Pas de phénomène du pied; force bien conservée, ainsi que les mouvements volontaires.

OBSERVATION IV

(Id. *Ibid.*). Résumée

Hémiplégie infantile — Pas de paralysie faciale supérieur

Bob... Mathilde, 4 ans. Quand l'enfant a commencé à marcher, (à un an) on s'est aperçu qu'elle ne se servait pas de son bras droit et que sa jambe droite était un peu faible.

État actuel. — Hémiplégie droite. La joue droite est étalée, sa convexité est remontée, elle est plus tremblottante, moins ferme que celle du côté opposé. La commissure labiale droite est un peu abaissée et descend en sillon sur la joue. Dans le rire, elle s'élève moins que sa congénère et n'est pas surmontée, comme celle-ci, d'une fossette. Le lobule médian de la lèvre supérieure est bien dessiné du côté gauche, mais à droite il se prolonge sans interruption avec la lèvre. Tous ces signes sont très légers et avaient été absolument méconnus jusqu'ici. *Le plissement du front est égal des deux côtés,* la langue est légèrement déviée à gauche; l'excursion de la langue, du côté droit, est très légèrement diminuée. Voile du palais symétrique, pas de déviation de la luette, pas de strabisme, mais la pupille paraît un peu dilatée. La tête n'est pas inclinée.

Membre supérieur droit: Flaccidité appréciable, atrophie fort légère. La force de pression de la main, la résistance à la flexion et à l'extension sont plus faibles de ce côté. Contraction idio-musculaire plutôt déterminée, réflexe tricipital très légèrement augmenté, réflexe tendineux du poignet nul des deux côtés. Les mouvements volontaires de la main sont très maladroits.

Membre inférieur droit : Résistance à l'extension et à la flexion de la jambe et de la cuisse diminuée. Pas de contractions idio-musculaires. Le réflexe patellaire, déjà fort à gauche, est encore plus prononcé à droite : celui de gauche se propage à droite. Le phénomène du pied fait défaut, le réflexe au chatouillement plantaire est normal et se transmet facilement d'un côté à l'autre. Tous les réflexes sont augmentés par la marche.

Tronc : Le rachis est un peu incurvé et présente sa concavité à droite. L'omoplate droite est écartée du rachis et portée en haut et en dehors. La fesse est flasque, aplatie, le pli fessier plus court que son congénère.

Remarque : Nous attirons particulièrement l'attention sur les signes de la paralysie faciale. Sa réalité ne peut faire de doute, mais, pour la constater, il fallait y regarder de très près, et elle avait passé jusque-là inaperçue.

OBSERVATION V

(*Id.*, *Ibid.*) Résumée.

Hémiplégie infantile. — Strabisme.

Pecq... Marcel, 3 ans. A 18 mois, il aurait eu de la fièvre pendant trois semaines et présenté à plusieurs reprises des convulsions internes (?) qui survenaient trois ou quatre fois par jour. A partir de ce moment tout le côté droit a été paralysé et la parole a été perdue. Pendant au moins trois mois l'enfant a été dans l'incapacité de marcher et de se servir de son bras. En même temps il avait du strabisme convergent et remuait peu les yeux. Il ne recommence à parler qu'à deux ans et demi. Peu à peu les yeux ont repris l'attitude normale, puis la paralysie de la jambe s'est beaucoup améliorée.

État actuel. — Au repos, on note seulement une bouffissure légère de la joue droite. Dans l'action du sourire, la commissure droite reste immobile ; si l'enfant rit tout à fait, les commissures s'élèvent, mais inégalement. La joue droite est un peu tremblotante ; on note une déviation légère de la langue vers la commissure gauche. Il y a un peu de strabisme de l'œil droit. Dans les premiers temps la tête s'inclinait du côté gauche. Aujourd'hui il ne reste plus de traces de cet état.

Bras droit : L'omoplate droite est portée légèrement en haut et en dehors. Pas de déviation de la tête. Masses musculaires comparativement flasques. Réflexes olécraniens et carpiens non modifiés, contraction idio-musculaire normale. De temps en temps, mouvements athétosiformes.

Jambe droite : Flasque. Réflexe patellaire notablement exagéré, bien plus qu'à gauche. Pas d'épilepsie spinale.

L'examen électrique a donné des résultats normaux. (Électricité galvanique et faradique.)

OBSERVATION VI

(*Id.*, *Ibid.*). Résumée.

Hémiplégie grave, contracture latente, mouvements athétosiformes. — Pas de paralysie faciale supérieure.

G... Louis, 8 ans. A six ans, il est pris pendant la nuit d'attaques épileptiformes, qui se sont renouvelées à plusieurs reprises. La première lui a laissé tout le côté droit paralysé ; rien à la suite des autres attaques.

État actuel. — Pas de strabisme, pupilles égales. — Paralysie faciale inférieure : La joue droite est plus étalée que sa congénère, laquelle vient cependant d'être le siège d'une fluxion dentaire (d'où il résulte que le sommet de la courbure de la joue est situé à 2 centimètres au-dessous de la bouche) à droite, ce sommet répond à la commissure. La bouche est continuellement entr'ouverte, la commissure droite est abaissée et les lèvres restent accolées à droite dans une plus grande étendue ; l'angle supéro-latéral gauche est plus marqué que son congénère. Dans le rire, la commissure droite se relève ; mais moins que la gauche. *La fente palpébrale est normale*, les yeux très grands et très mobiles.

Le plissement volontaire du front, nul à droite, est très marqué à gauche. La langue n'est pas déviée, mais son excursion à droite est presque nulle, tandis qu'à gauche, elle atteint sans peine la commissure. Le voile du palais est intact, la salivation continuelle, surtout à la commissure.

Dans son attitude ordinaire, la tête est penchée sur l'épaule droite et tournée vers l'épaule gauche.

Membre supérieur : A droite, flaccidité et atrophie notables. Le réflexe tricipital est peu appréciable des deux côtés (plutôt diminué à droite) ; pas de réflexes carpiens appréciables. Contraction idio-musculaire normale. Tous les mouvements étendus de gauche déterminent, à droite, un tremblement associé à large amplitude, avec flexion des différents segments du membre. L'épaule droite est abaissée, l'omoplate portée en dehors et en avant ; la résistance du bras à la flexion et à l'extension est diminuée. Tous les mouvements volontaires sont possibles mais pénibles.

Membre inférieur. Flaccidité et atrophie, moins marquées qu'au membre supérieur. Le réflexe patellaire est exagéré à gauche, très exagéré à droite ; le phénomène du pied, très appréciable à gauche est extrêmement intense à droite ; le réflexe du chatouillement plantaire bien développé des deux côtés ; la résistance à la flexion et à l'extension assez marquée et égale des deux côtés. Il existe à droite de la contracture du triceps sural, et la flexion du pied est très difficile. Tous les mouvements volontaires s'exécutent vivement, sans hésitation ni maladresse pour la jambe et la cuisse. Les mouvements du pied s'accompagnent invariablement de mouvement de reptation des orteils, qui aboutissent à l'élévation du gros orteil, pendant que les autres se fléchissent. Du côté opposé (gauche), il existe les mêmes particularités, mais moins accentuées dans tous leurs détails.

L'enfant gâte et urine sous lui, à la suite de la rougeole qu'il a eue il y a deux mois. La sensibilité ne semble pas altérée. Il rit très facilement aux éclats, d'un rire bête ; mémoire remarquable, il répète tout ce qu'on dit autour de lui ; il parle très bien et très vite, seulement il zézaye, et prononce les j comme les z. Il est très doux, et même bonasse.

OBSERVATION VII

M. Brissaud. *Progrès Médical*, 1893, page 493. N° 52, 30 décembre.

Victorine D..., âgée de 80 ans, est atteinte d'une myocardite consécutive à un emphysème catarrhal. Au mois d'avril 1889, elle est frappée d'un ictus apoplectique ; la perte de connaissance ne dure qu'une heure. Revenue à elle, la malade est paralysée de tout le côté droit et aphasique. Peu à peu, dans l'espace de quinze jours, elle recouvre l'usage de la parole ; l'hémiplégie s'amende, et bientôt il ne subsiste que de l'engourdissement dans les deux membres droits avec de la maladresse, de la lenteur des mouvements et un peu de faiblesse.

Deux ans après, en février 1891, D... entre à l'hôpital pour des manifestations multiples d'insuffisance cardiaque. Elle n'a pas d'hémiplégie des membres droits ; tous les mouvements sont possibles, la force est revenue malgré un certain degré d'atrophie musculaire. Mais la marche, en raison des accidents nouveaux, est pénible. Les engourdissements persistent dans tout le côté droit avec une hyperesthésie permanente.

La face est absolument asymétrique. La bouche est déviée à gauche ; la commissure gauche est ouverte, la commissure droite est fermée, abaissée, et laisse suinter constamment la salive. La narine droite est rétrécie, l'aile du nez, de ce côté, est complètement immobile, et les sillons de la joue sont effacés.

La paupière droite est tombante ; cependant elle peut se fermer encore à volonté, isolément, quoique moins bien que la paupière gauche. Les mouvements des globes oculaires subsistent et ont conservé toute leur ampleur. Mais la pupille droite est largement dilatée, ce qui — soit dit en passant — tient sans doute à une amblyopie sénile, plus marquée à droite (pas de dyschromatopsie ; réactions pupillaires intactes, soit à la lumière, soit pour l'accommodation). Les plis du front du côté droit sont à peine visibles ; ils sont très prononcés à gauche à partir de la ligne médiane.

A la suite d'alternatives d'améliorations et d'aggravations, l'asystolie s'établit définitivement (anasarque, anurie, dyspnée intense) et la malade succombe trois mois après son entrée à l'hôpital. A chacune des phases d'aggravation avait correspondu un retour des phénomènes paralytiques dans les deux membres droits et même une aphasie transitoire.

Autopsie. — Le cœur est flasque, dilaté, dégénéré, couleur feuille morte. Les artères sont peu athéromateuses.

Le cerveau présente une lésion corticale unique, un ramollissement jaune, situé dans la région de l'opercule rolandique gauche, juste en arrière de l'opercule frontal. Ce ramollissement gagne dans la profondeur la rigole supérieure de l'insula. Nulle part ailleurs il n'existe de lésion superficielle des hémisphères. Les deux pédoncules sont égaux, sans tractus de dégénérescence ; mais, à l'examen microscopique, on reconnaît l'existence d'assez nombreux corps granuleux, au voisinage du bord interne du pédoncule gauche. La protubérance, le bulbe, les pyramides sont symétriques. Il n'y a pas de dégénération secondaire visible à l'œil ou dans la moelle.

M. Brissaud fait suivre cette observation des considérations suivantes :

« Je ferai remarquer que la détermination topographique du foyer de ramollissement, sans présenter de difficultés réelles, exigeait quelques précautions. L'hémisphère gauche en effet ne répondait pas au type schématique sur lequel on a coutume de marquer les lésions corticales. Le pied de la troisième frontale était situé très en avant de l'extrémité inférieure de la scissure rolandique ; l'opercule frontal avait une grande étendue antéro-postérieure : il donnait naissance à un pli d'anastomose réunissant l'extrémité inférieure de la frontale ascendante au pli inférieur de la deuxième frontale. Ce pli d'anastomose pouvait être considéré comme un pied supplémentaire de la deuxième frontale. Mais, si la région frontale de cet hémisphère offrait quelques anomalies, il était bien certain que le ramollissement occupait strictement — du moins à la surface — le quart inférieur de la pariétale ascendante. Il laissait intacts l'opercule frontal et la majeure partie de l'opercule pariétal. Le lobule du pli courbe et le pli courbe étaient sains.

« La lésion était donc de dimensions très restreintes et parfaitement limitée à une région relativement facile à déterminer ; et c'est cette lésion qui avait sans aucun doute donné lieu à une hémiplégie faciale droite totale.

« On a vu, dans l'observation, que la malade, quoique atteinte seulement d'hémiplégie faciale, conservait, depuis son ictus, une certaine paresse des mouvements des deux membres droits. Or les centres corticaux de ces membres et, en particulier celui du membre inférieur n'étaient nullement touchés. La persistance des phénomènes parétiques en pareil cas doit être mise sur le compte de troubles circulatoires. Il me paraît hors de doute que la compensation circulatoire, insuffisante à la suite d'une obstruction partielle du territoire sylvien, suffit amplement à expliquer ces troubles. Il n'est pas besoin de recourir à l'hypothèse gratuite de l'inhibition pour les comprendre. J'insiste sur les exagérations temporaires de l'hémiplégie des membres qui sont signalées dans l'observation clinique comme coïncidant avec les crises d'asystolie. Sur un cerveau déjà mal irrigué, l'insuffisance cardiaque ne faisait qu'exagérer un trouble circulatoire encore mal compensé. J'en dirai tout autant de l'aphasie incomplète ou, en général, de la difficulté de la parole qui survenaient à chaque retour des périodes asystoliques. La lésion siégeant beaucoup trop loin du pied de la troisième frontale gauche pour que l'inhibition puisse être mise en cause.

« Voilà donc localisé aussi étroitement que possible le centre cortical des mouvements de la face. Quant à la participation de l'orbiculaire et du frontal dans le cas d'hémiplégie faciale, elle ne peut s'expliquer que par une disposition préexistante des fibres entrecroisées, des systèmes de projection. Sous ce rapport, l'observation précédente ne diffère pas des observations similaires déjà publiées et n'est d'ailleurs pas plus explicite.

« Il ne suffit pas de constater l'existence d'une lésion corticale de la convexité proprement dite. Le cas actuel, étudié sur des coupes vertico-transversales en série, ne permettait de relever autre chose qu'une expansion du foyer de ramollissement dans le fond de la scissure rolandique avec un empiètement limité pour la partie postérieure de la frontale ascendante. Les coupes font même voir que la nécrose du tissu cérébral gagnait, de bas en haut et exclusivement dans la profondeur, la région moyenne de la frontale ascendante en laissant intacte toute la superficie de la pariétale ascendante. Ceci encore permet d'expliquer le faible degré de parésie du membre supérieur droit, la lenteur et la maladresse de ses mouvements.

« Dans le centre ovale on ne distinguait pas de traînées de dégénérescence secondaire, mais on en voyait un petit îlot limité à la partie inférieure et externe du corps calleux. Brissaud.

« Si l'observation qu'on vient de lire devait, en raison de l'exguïté de la localisation, servir de document unique pour la détermination du centre des mouvements de la face chez l'homme, il faudrait conclure que ce centre occupe exactement, sur l'opercule, la portion de l'écorce située juste en arrière de l'extrémité inférieure de la scissure de Rolando. »

OBSERVATION VIII

(Nothnagel, cité par J. Soury, Système nerveux central, p. 1315)

Hémiplégie gauche. — Conservation des seuls mouvements mimiques.

Femme de 58 ans, frappée subitement d'hémiplégie gauche le 18 mai 1861 : parésie de la main gauche, paralysie complète du pied gauche et de la branche inférieure du facial. Mais, quoique les muscles de la moitié gauche de la face fussent tout à fait privés de motilité volontaire, ils se contractaient, dans les mouvements mimiques aussi bien que sur la moitié droite. *Autopsie* (juillet) : dans le noyau lenticulaire droit, foyer de ramollissement qui avait envahi aussi la capsule interne et le bord externe du noyau caudé.

OBSERVATION IX

(*Id.*, *Ibid.*).

Hémiplégie droite. Conservation des seuls mouvements mimiques.

Femme de 69 ans, frappée d'hémiplégie droite après une attaque apoplectiforme (22 déc. 1875) : parésie du pied droit, paralysie presque complète du bras et paralysie du facial droit à l'exclusion des rameaux supérieurs des muscles frontal, orbiculaire des paupières et sourcilier. La malade ne pouvait exécuter un seul mouvement volontaire avec la moitié de la face (si ce n'est naturellement avec les trois muscles ci-dessus énumérés). Mais, dans le rire et le pleurer, la moitié droite de la face se contractait presque aussi bien que la gauche. Cet état dura jusqu'à la mort (1 juil. 1876). Autopsie : grand foyer de ramollissement dans le noyau lenticulaire gauche et dans la capsule interne. *Thalamus opticus intact*, de même que les radiations thalamiques.

OBSERVATION X

(P. Rosenbach, cité par J. Soury, *Ibid.*, page 1361).

Hémiplégie gauche, avec hémianopsie et paralysie mimique isolée.

Femme de 30 ans, atteinte depuis dix mois d'une hémiplégie gauche (1886). L'attaque avait eu lieu le 20 mai de l'année précédente subitement, dans la nuit, sans perte de connaissance. Au matin elle avait remarqué de la rigidité de la face et de la parésie des extrémités gauches; une paralysie presque complète aurait suivi, puis elle aurait rétrocédé. Lorsque Rosenbach observa cette malade, il nota seulement une parésie de l'extrémité inférieure gauche avec exagération des réflexes tendineux; la motilité de l'extrémité supérieure gauche était au contraire à peu près complètement rétablie. Quant à la face, on découvrait, en y regardant bien une trace de parésie de la région inférieure gauche: la bouche fermée, l'angle de la commissure gauche était un peu plus abaissé qu'à droite. Le voile du palais descend aussi plus bas à gauche. Les deux moitiés du visage se contractaient également dans la parole: de même pour l'exécution des grimaces volontaires. Mais quand le médecin faisait *rire* la malade, une opposition très nette apparaissait entre les deux moitiés du visage: le côté gauche restait complètement immobile, en même temps que la région inférieure de la moitié gauche de la face reprenait dans le rire l'aspect complet de la paralysie. L'asymétrie qui en résultait était d'autant plus accusée que le rire était plus intense; elle disparaissait quand le rire cessait et laissait reparaître l'expression calme, habituelle du visage de la malade. Il existait en outre une hémianopsie bilatérale gauche, partant la perte complète des champs visuels gauches, de l'externe sur l'œil gauche, de l'interne sur l'œil droit. L'acuité centrale de la vision n'était pas affaiblie. Pupilles égales, réaction normale. Conservation des sensibilités cutanée et musculaire sur tout le corps, excitabilité électrique intacte du côté parésié. Ni vertige, ni maux de tête, ni autres symptômes pouvant indiquer quelque grave lésion cérébrale. La malade est faible et anémique et souffre d'une affection organique du cœur. Rosenbach pense qu'il s'agit d'une lésion du thalamus.

OBSERVATION XI

(MIRALLIÉ, C. R. Soc. Biol., 16 juil. 1898, n° 26)

Hémiplégie avec participation du facial supérieur

Malade atteint d'hémiplégie gauche, avec paralysie du facial inférieur gauche, et en même temps un abaissement du sourcil et une diminution des rides du front de ce même côté. L'autopsie montra un ramollissement cortical occupant le pied des deuxième et troisième circonvolutions frontales droites, l'opercule rolandique et la partie adjacente de la frontale ascendante, la première temporale et le gyrus supra marginalis ; en arrière, le foyer s'arrête nettement au premier sillon temporal. Le pli courbe est parfaitement intact.

OBSERVATION XII

Id., Ibid.)

Hémiplégie avec participation du facial supérieur

Malade frappé d'hémiplégie avec paralysie du facial inférieur, la fente palpébrale est plus petite ; le sourcil se relève moins vite et par secousses ; diminution de son champ d'excursion. A l'autopsie, nous trouvons un foyer kystique occupant toute la partie antérieure du noyau lenticulaire : un foyer hémorrhagique ancien a détruit toute la partie antérieure de la capsule interne, le genou, et comprimé le segment postérieur de la capsule, dont la partie antérieure est manifestement grisâtre et dégénérée.

OBSERVATION XIII

(DELIGNÉ, thèse doct., Paris 1899, p. 50)

Hémiplégie gauche. — Paralysie du facial supérieur et inférieur

Mme E..., 27 ans, domestique d'auberge ; excès alcooliques très probables. A souffert à plusieurs reprises d'attaques de rhumatisme articulaire aigu. Le 21 mars 1899, attaque subite d'hémiplégie gauche, reste 24 heures dans le coma et reprend peu à peu connaissance.

Le 4 avril, nous constatons une hémiplégie gauche totale. La motilité volontaire du bras et de la jambe est complètement abolie ; la motilité réflexe au pincement existe à la jambe, pas au bras. A la face nous observons une paralysie complète. Le facial inférieur est nettement paralysé : déviation et élévation de la commissure buccale droite, la pointe du nez est même déviée de côté. A gauche, les rides sont complètement effacées, le pli naso-génien est très atténué et tombant, la joue flasque. La langue tirée hors de la bouche est déviée vers la gauche.

Le facial supérieur est nettement intéressé : les rides frontales gauches sont moins nombreuses et moins profondes qu'à droite, le front semble plus lisse de ce côté, leur courbe est plus tendue, se rapproche davantage de la ligne droite. Quand le malade relève les sourcils, à gauche le sourcil s'élève à peine, et manifestement moins haut qu'à droite : pendant ce mouvement, le front se ride à peine à gauche, tandis qu'à droite les rides sont accentuées. La fente papébrale est plus grande à gauche ; la malade ne peut isolément fermer l'œil de ce côté, ce qu'elle faisait bien jadis, mais elle peut fermer simultanément les deux yeux. Si l'on examine alors attentivement, on voit que la fermeture est parfaite à droite, incomplète à gauche où il existe un très léger interstice entre le bord libre des deux paupières. Si la malade veut maintenir les deux yeux fermés, elle ne le peut ; malgré tous ses efforts l'œil gauche s'ouvre, alors que le droit reste fermé.

La sensibilité est normale partout. Les réflexes rotuliens et radial gauche diminués, le réflexe plantaire existe. Insuffisance mitrale avec rétrécissement.

Le 23 mai. — Il existe à gauche une hémiplégie complète avec contracture et exagération manifeste de tous les réflexes tendineux. La malade se tient debout et peut faire, avec un aide, quelques pas. La motilité du bras est complètement abolie et il ne reste que quelques mouvements de totalité du membre, mouvements se passant dans l'articulation de l'épaule.

Le facial inférieur est encore très paralysé ; la bouche est fortement déviée à droite et, dans la parole, la moitié droite sert presque uniquement à l'articulation des sons. La paralysie du facial supérieur est beaucoup moins marquée : la queue du sourcil est abaissée, la courbe plus tendue et plus rapprochée de la ligne droite, la malade ne peut fermer l'œil gauche isolément. Mais quand elle ferme simultanément les deux, elle peut maintenir celui de gauche fermé. Les rides du front, à gauche, semblent plus nettes qu'après l'attaque.

4 juillet : L'amélioration, nous dit-on, avait été progressive, lorsque dans la journée du 4 juillet, la malade eut subitement deux attaques d'épilepsie jacksonnienne, avec secousses convulsives dans le bras gauche et beaucoup moins intenses dans la jambe et à la face. Demi-coma, aggravation progressivement augmentée jusqu'à une nouvelle attaque le 6, suivie de mort brusque. L'autopsie n'a pu être faite.

OBSERVATION XIV

(*Id., Ibid.*)

Hémiplégie droite. — Paralysie du facial supérieur et inférieur.

P..., Louis, boulanger, 60 ans. Le 15 août 1899, attaque subite d'hémiplégie droite avec aphasie motrice incomplète. Le 25 août, nous voyons le malade. Les mouvements du membre supérieur sont en grande partie abolis ; la motilité volontaire de la jambe est moins compromise, mais le malade marche en fauchant légèrement, et en traînant la pointe du pied sur le sol.

Le facial inférieur est atteint ; le pli naso-génien droit est effacé et abaissé, la joue flasque, la langue légèrement déviée à droite, la commissure buccale droite abaissée. Le malade peut siffler ; sur le territoire du facial supérieur : les rides frontales, à droite, sont moins nombreuses et moins profondes qu'à gauche, le front semble également plus lisse. La queue du sourcil est manifestement plus rapprochée de l'angle inféro-externe de l'orbite ; la paupière supérieure droite est plus lisse, les plis sont moins nombreux et moins marqués. La fente palpébrale droite est rétrécie. Les mouvements d'élévation et d'abaissement du sourcil sont moins rapides, leur amplitude moins grande à droite qu'à gauche, le mouvement d'élévation surtout est manifestement limité. La résistance des sourcils aux mouvements passifs est diminuée du côté paralysé. Quand on commande au malade de fermer l'œil droit isolément, il est lui-même étonné de la difficulté qu'il trouve pour y arriver : encore l'occlusion est-elle incomplète, ce qui n'avait pas lieu, dit-il, avant son attaque d'hémiplégie.

OBSERVATION XV

(Id., Ibid.)

Hémiplégie gauche. — Paralysie du facial supérieur et inférieur.

B..., Marie, 70 ans. Hémiplégie gauche en 1896. Contracture des membres. Sensibilité intacte.

Le pli naso-génien gauche est effacé et abaissé, la commissure déviée, abaissée du côté gauche.

La joue gauche est flasque, lisse, sans rides, tombante, soulevée par l'air expiré. La langue est déviée vers la gauche, la malade ne peut siffler.

Les rides du front sont moins nombreuses et moins profondes à gauche qu'à droite ; la queue du sourcil gauche est rapprochée de l'angle de l'orbite, la fente palpébrale de ce côté aggrandie, la résistance du sourcil aux mouvements passifs, diminuée du côté de la paralysie. Les mouvements d'élévation et d'abaissement du sourcil se font péniblement et par saccades à gauche ; de ce côté, la paupière supérieure est plus étalée, moins ridée. Quand on commande au malade de fermer énergiquement les deux yeux, l'occlusion à gauche est incomplète, il persiste une petite fente linéaire. Le signe de Revilliod est bien marqué. La malade ferme isolément l'œil droit, mais non le gauche, depuis sa paralysie.

OBSERVATION XVI

(*Id., Ibid.*)

Hémiplégie droite. — Paralysie du facial supérieur et inférieur.

B..., 72 ans. Hémiplégie droite sans aphasie, en juin 1890. Le pli naso-génien droit est effacé, la commissure buccale droite abaissée, la langue est légèrement déviée vers la droite, la joue est flasque. Quand on fait parler la malade, elle reste immobile, tandis qu'à gauche les muscles se contractent bien.

Les rides du front sont moins marquées à droite ; la queue du sourcil est abaissée, de ce côté, et sa courbure moins prononcée. La fente palpébrale droite est rétrécie. La paupière droite est plus étalée, moins ridée que la gauche. Le champ d'excursion du sourcil est limité, la résistance aux mouvements passifs moindre. La malade ferme les deux yeux isolément, mais moins énergiquement à droite, et on peut constater alors que les rides de l'orbiculaire sont très accentuées à gauche, presque pas à droite.

OBSERVATION XVII

(*Id.*, *Ibid.*)

Hémiplégie droite. — Paralysie du facial supérieur et inférieur.

B. ., Étienne, 64 ans. Hémiplégie droite survenue subitement en 1898, sans aphasie Contracture des membres surtout marquée au bras; marche en fauchant. Réflexes exagérés, sensibilité non touchée.

La commissure buccale droite est déviée et abaissée, la joue droite est flasque et tombante, et quand le malade parle, elle est soulevée par l'air expiré. La langue n'est pas déviée, mais il y a impossibilité de siffler. Le facial supérieur est pris : la fente palpébrale droite est plus petite que celle du côté opposé. La queue du sourcil est abaissée et plus rapprochée de l'angle inféro-externe de l'orbite du côté de la paralysie. La résistance des sourcils aux mouvements passifs est moindre à droite qu'à gauche.

Chûte de la paupière supérieure droite recouvrant une partie du globe oculaire. Cette paupière est plus lisse, présente moins de rides que celle du côté opposé. Quand on commande au malade de fermer les deux yeux, on constate que du côté droit l'occlusion est incomplète, et qu'il persiste une petite fente linéaire. Les mouvements d'élévation et d'abaissement des sourcils se font plus lentement, moins complètement du côté de l'hémiplégie et par saccades. Le malade peut fermer chaque œil isolément, mais avec beaucoup de difficulté pour l'œil droit, chose qui n'existait pas avant la paralysie.

OBSERVATION XVIII

(*Id.*, *Ibid.*)

Hémiplégie droite. — Paralysie du facial supérieur et inférieur.

G..., Angélique, 60 ans. Hémiplégie droite en janvier 1899, sans aphasie. Contracture des membres avec exagération des réflexes. Le pli naso-génien droit est effacé, la commissure buccale du même côté abaissée. La joue droite est flasque, mais la malade peut siffler. La langue ne présente pas de déviation.

Les rides du front sont égales des deux côtés. La queue du sourcil est abaissée par rapport à l'angle droit inféro externe de l'orbite; la fente palpébrale droite est rétrécie. Aucune différence dans la résistance passive du sourcilier de chaque côté. Le mouvement d'abaissement du sourcil droit est manifestement moins complet que du côté gauche. La malade ne peut isolément fermer l'œil droit, ce qu'elle faisait bien avant sa paralysie.

OBSERVATION XIX

(*Id.*, *Ibid.*)

Hémiplégie gauche. — Paralysie du facial supérieur et inférieur.

B..., François, 42 ans. Hémiplégie gauche subite le 4 août 1898, surtout marquée au bras.

Le 2 octobre. — Le pli naso-génien gauche est effacé, joue flasque et tombante, le malade fume la pipe, selon l'expression ; commissure buccale abaissée. Quand le malade parle, les rides s'accentuent à droite, pas à gauche ; la langue est déviée à gauche.

Les rides frontales sont moins marquées à gauche : la queue du sourcil est abaissée de ce même côté. Le sourcil gauche s'élève moins haut, s'abaisse moins bas que le droit; ce phénomène est surtout évident pour la partie interne du sourcil. Quand le malade fronce les sourcils, les rides sont plus nombreuses, mieux marquée à droite; de même, la résistance du sourcil aux mouvements passifs est, de ce côté, plus forte. La fente palpébrale gauche est rétrécie verticalement et transversalement. Le malade peut fermer chaque œil isolément.

Le 28 août 1899. — La paralysie de la face est manifestement moins accentuée. Le pli naso-génien est assez net et manifestement moins effacé qu'au premier examen; il est plutôt tombant, plus rapproché de la verticale. La langue est légèrement déviée à gauche, la commissure buccale un peu déviée également.

Le sourcil gauche présente un abaissement, sorte de chûte en masse surtout marquée du côté de la queue; sa courbe a disparu et se rapproche de la ligne droite; le sourcil gauche est au dessous du rebord orbitaire, tandis qu'à droite il est au-dessus. Les rides du front existent à gauche, mais sont tombantes, tendues, et moins accentuées qu'à droite. Le sourcil gauche s'élève moins franchement, mais dans sa totalité : il n'y a plus la prédominance marquée précédemment pour la partie interne.

Le bord libre de la paupière supérieure, au lieu de présenter sa courbure régulière normale, prend la forme d'un S italique allongé et couché horizontalement et offre, à l'union de son tiers interne avec ses deux tiers externes une sorte d'encoche. La paupière supérieure gauche est plus lisse, comme étendue sur le globe oculaire, ses plis sont moins nombreux et moins marqués. La partie supérieure retombe sur l'inférieure au point d'affleurer le bord libre.

OBSERVATION XX

MIRALLIÉ (*Ibid.*,) cité par DELIGNÉ.

Hémiplégie droite avec aphasie motrice. — Paralysie du facial supérieur et inférieur.

G..., Jean-Yves, 61 ans, frappé d'hémiplégie droite à 56 ans. Amélioration de l'hémiplégie qui est encore (24 novembre 1897) très accentuée, avec contracture et perversion de la sensibilité. Aphasie motrice. La joue droite est flasque et tombante, la commissure buccale abaissée de ce côté, les rides y sont moins profondes. Impossibilité de siffler. Légère déviation de la langue à droite.

Le facial supérieur est pris. Les rides du front sont, en effet, presque effacées à droite ; la fente palpébrale est plus petite de ce côté ; la queue des sourcils occupe sensiblement des deux côtés la même position et est à la même distance de l'angle inféro-externe de chaque orbite. Le sourcil droit s'élève moins vite et moins haut que le gauche ; de même il s'abaisse moins vite et moins bas. Le malade ferme isolément l'œil gauche et ne peut le faire du côté droit ; il ne peut ouvrir l'œil droit isolément.

20 août 1899. — La langue n'est plus déviée ; les rides frontales sont toujours effacées du côté hémiplégié ; la fente palpébrale est aussi plus petite de ce côté. Mais les mouvements d'élévation et d'abaissement du sourcil paralysé sont certes améliorés ; le sourcil droit a retrouvé l'étendue de son champ d'excursion longtemps compromis ; il s'élève aussi haut, s'abaisse aussi bas que le côté sain ; il ne traîne plus, ses mouvements se font vite et sans à-coups.

OBSERVATION XXI

(MIRALLIÉ, cité par DELIGNÉ, *Ibid*).

Hémiplégie droite avec aphasie motrice. — Paralysie du facial supérieur et inférieur.

M..., Florent, 62 ans, a été frappé d'hémiplégie droite avec aphasie motrice en 1894. Contracture très accentuée, surtout au membre supérieur. Marche très péniblement et en fauchant. Le pli naso-génien droit est abaissé et effacé, la commissure buccale droite abaissée, la langue légèrement déviée à droite ; le malade ne peut pas siffler. Les rides du front sont abaissées du côté droit, de même la queue du sourcil ; la fente palpébrale est rétrécie de ce même côté ; le sourcil est moins épais et plus flasque. Il se relève moins vite et moins haut, s'abaisse plus lentement que celui de gauche, et par saccades. Cet homme n'a jamais pu, avant sa paralysie fermer un œil isolément (23 décembre 1897).

20 août 1899. — La langue est toujours déviée à droite. Impossibilité de siffler. A droite les rides frontales sont effacées, la queue du sourcil toujours abaissée, la fente palpébrale rétrécie, la commissure buccale abaissée, la joue flasque. A l'occlusion des deux yeux, la paupière supérieure droite présente moins de rides, est plus lisse, que celle de gauche. Quand le malade fronce simultanément et énergiquement les deux sourcils, du côté droit les rides verticales sont aussi moins profondes et moins nombreuses. La résistance des sourcils aux mouvements passifs semble égale des deux côtés ; l'occlusion de l'œil hémiplégié est complète. Les mouvements d'élévation et d'abaissement du sourcil droit ont retrouvé leur amplitude et leur rapidité : plus de saccades, plus d'à-coups. Le malade réussit, mais avec peine, à fermer isolément chaque œil. Il nous dit lui-même, ce que nous constatons, qu'il éprouve moins de difficulté pour l'œil du côté hémiplégié que pour celui du côté sain. Nous

répétons plusieurs fois l'expérience : il est incontestable que le malade peut fermer isolément l'œil du côté hémiplégié, ce qu'il ne pouvait faire après son attaque de paralysie. Le signe de Revilliod a donc disparu.

OBSERVATION XXII

(Mirallié, cité par Deligné, *Ibid*).

Hémiplégie gauche. — Paralysie du facial supérieur et inférieur.

3 janvier 1898. — J..., Jean, hémiplégique gauche depuis dix ans. Amélioration progressive. Le pli naso-génien gauche est abaissé, mais non effacé, la joue gauche flasque et pendante, la commissure du même côté plus tombante que la droite, et sur un plan inférieur. La langue est très légèrement déviée à gauche, le malade ne peut siffler. Les rides du front sont effacées à gauche, la queue du sourcil peut-être un peu abaissée, la fente palpébrale gauche plus petite. Le sourcil gauche remonte moins haut que le droit, traîne en retard et s'élève par secousses. Quand les muscles des sourcils sont contractés, ils présentent aux mouvements passifs la même résistance. Le malade ferme isolément l'un et l'autre œil.

18 août 1899. La langue n'est plus déviée. Les rides frontales sont toujours effacées à gauche. La queue du sourcil est très légèrement abaissée, mais sa courbure est moins prononcée que du côté droit.

La fente palpébrale gauche est toujours rétrécie. Mais les mouvements d'élévation et d'abaissement des sourcils sont normaux, et se font avec la même amplitude et sans secousses à gauche comme à droite.

OBSERVATION XXIII

(DELIGNÉ, thèse doctorat).

Hémiplégie gauche, légère atteinte du facial inférieur. Facial supérieur indemne.

L..., Victor, 72 ans. Hémiplégie subite gauche en mai 1899. Contracture des membres, diminution de la sensibilité. Peu de chose à signaler du côté du facial inférieur, si ce n'est une légère déviation de la langue à gauche, et l'impossibilité de siffler. En examinant la résistance passive des sourcils, je la crois diminuée, mais très légèrement, du côté de l'hémiplégie : la fente palpébrale de ce même côté semble aussi rétrécie. Le malade ferme l'œil gauche isolément.

OBSERVATION XXIV

(*Id.*, *Ibid.*)

Hémiplégie gauche. — Intégrité du facial inférieur et du facial supérieur.

D..., 69 ans. Hémiplégie gauche en septembre 1896. Contracture des membres très légère ; tous les mouvements du bras et de la jambe sont possibles mais limités. La face n'est pas touchée. Les plis naso géniens et les commissures buccales occupent le même niveau, et sont également bien accentués. La langue n'est pas déviée, et le malade peut siffler, avec difficulté, il est vrai. Le facial supérieur est indemne.

OBSERVATION XXV

(Id., Ibid)

Hémiplégie droite. — Intégrité du facial inférieur et du facial supérieur

D..., Madeleine, 69 ans. Hémiplégie droite en octobre 1897. Légère amélioration. Pas d'aphasie motrice, contracture des membres avec exagération des réflexes ; la malade marche en fauchant. La face n'est pas touchée : aucun des symptômes qui marquent ordinairement la paralysie du facial inférieur dans l'hémiplégie. Le facial supérieur est indemne.

OBSERVATION XXVI

(Féré, C. R. Soc. Biol., 16 déc. 1899, n° 38)

Hémiplégie chez un jacksonnien ; atteinte transitoire du crémaster

Un épileptique jacksonnien, avec hémiparésie légère à gauche, est capable d'élever volontairement ses deux testicules de près de deux centimètres; pendant l'accès, le scrotum est rétracté et l'on n'y voit pas de secousses. A la suite d'un accès grave suivi d'une hémiplégie gauche complète qui a duré près de deux jours, il a été incapable, pendant une heure environ après le retour de la connaissance, de soulever aucun de ses deux testicules ; puis il commença à soulever le testicule droit, mais ce mouvement n'a été restauré du côté gauche qu'après le retour des fonctions des membres.

OBSERVATION XXVII

(E. GASAULT, thèse doct., Paris, 1898, p. 42)

Hémiplégie gauche

Homme de 50 ans qui, le 26 avril 1897, fut pris subitement en travaillant d'engourdissements et sentit ses forces diminuer dans toute la moitié gauche du corps. Il put immédiatement se rendre à pied et seul à l'infirmerie de Bicêtre, éloignée de 3 ou 400 mètres. On constate à ce moment :

Perte du sens stéréognostique et de la position du membre supérieur gauche, diminution du sens musculaire (poids) au membre supérieur et gauche. Réflexe rotulien *affaibli à droite, normal à gauche*; pas de réflexe du poignet droit (impossible de le rechercher à gauche, le malade ayant des mouvements continuels). Pas de troubles de la parole, ni de dysphagie. Le réflexe pharyngé existe, la langue n'est pas déviée. Secousses musculaires, tremblements dans le membre supérieur gauche, aucun mouvement au membre inférieur, ni à la face.

Le malade marche, mais se sert moins bien de la jambe. L'extension en est bonne et ne peut guère être surmontée ; au contraire la flexion de la jambe sur la cuisse n'offre que peu de résistance. La flexion du pied sur la jambe et l'extension sont bonnes. L'extension dorsale des orteils est au contraire un peu diminuée, l'extension de la cuisse sur le bassin est bonne, la flexion très faible ; l'adduction des cuisses est bonne, l'abduction mauvaise à gauche. Céphalalgie au niveau de la bosse frontale droite.

30 avril. Attaque de tremblement (durée une heure) dans la journée.

1er mai. Diminution de la sensibilité à la piqûre au niveau de la main. Persistance des troubles du sens musculaire au membre inférieur. La paralysie de la jambe est complète. Déviation de la bouche, point d'exclamation à petite extrémité gauche. Quelques légers troubles de la déglutition : le matin, le malade a avalé de travers en mangeant la soupe. Réflexe pharyngé disparu au niveau du palais, un peu diminué vers la partie profonde du pharynx. La parole ne laisse rien à désirer, il y a peu de tendance au nasonnement. Tendance à « fumer la pipe » à gauche.

Dans la cuisse gauche, sortes de secousses musculaires qui s'accompagnent d'une sensation de souffle ; ébauche de quelques mouvements dans le membre supérieur du même côté. Rien à la face.

3 mai. Il n'y a plus du tout de mouvements du bras. Aujourd'hui la déviation de la face est des plus prononcées. Le malade ne peut fermer l'œil gauche quand on lui dit de fermer les deux yeux.

La paralysie de la jambe gauche est toujours très marquée.

4 mai. Troubles de la déglutition très marqués.

24 mai. Depuis quatre jours le malade ne se sent plus aller à la selle.

15 juillet. Réflexes plantaires plutôt exagérés des deux côtés. A droite, l'excitation légère provoque l'extension des orteils, la contraction du jambier antérieur et du *fascia lata*. Une friction très modérée provoque le retrait par flexion du membre inférieur. A gauche, mêmes phénomènes. Réflexe rotulien presque aboli à droite normal à gauche ; réflexe crémastérien aboli à gauche, très affaibli à droite. Réflexe abdominal conservé des deux côtés.

2 août. Le malade peut marcher seul avec une grande difficulté. Le sens de position des membres semble complètement revenu, le sens stéréognostique reste altéré. Réflexes exagérés du côté gauche ; plus de troubles des sphincters, pas de gène de la déglutition. Troubles mentaux, diminution de l'intelligence, pleurs faciles. Exeat.

Les observations qui suivent sont des observations personnelles que nous avons pu recueillir durant notre séjour à Grenoble dans le service de notre ami M. le docteur Jacquemet, que nous remercions de son obligeance si sympathique.

La dernière observation nous a été communiquée par notre ami M. Sicard.

OBSERVATION XXVIII

(Personnelle).

Service de M. Jacquemet.

Hémiplégie droite avec aphasie.

All... Marie, 10 ans, entre le 15 février 1900 à l'Hôtel-Dieu de Grenoble, salle Chissé, n° 21 (service de M. Jacquemet).

Antécédents. — Au point de vue héréditaire, rien à signaler. Personnellement, cette jeune fille, qui habite une région montagneuse et salubre, a joui pendant toute son enfance d'une santé satisfaisante, bien qu'elle ne fût pas extrêmement robuste. En décembre 1898, elle contracte la diphtérie à Grenoble, diphtérie qui aurait été assez sévère sans être accompagnée toutefois de phénomènes paralytiques. Quelque temps après être retournée chez elle, elle est atteinte d'une scarlatine avec de l'albumine en quantité notable dans les urines. Cette scarlatine, un peu fruste, était en pleine évolution, lorsque brusquement, sans prodromes, survint un ictus avec phénomènes apoplectiformes. La malade était couchée, mais éveillée et causant, elle s'aperçut tout d'un coup qu'elle ne pouvait plus parler, puis très vite survint l'hémiplégie, de forme absolument classique. Il y avait eu en même temps aphasie motrice, et la face était prise comme elle l'est dans l'hémiplégie. Léger ptosis. Pas de troubles de la vision, ni de l'exonération, ni de la miction. La contracture a été tardive. Les mouvements ont commencé à réapparaître, pour la jambe au bout de trois semaines, et pour le bras de six semaines environ (1).

Etat actuel. — 16 février. Jeune fille suffisamment développée pour son âge et paraissant d'une intelligence moyenne. Elle a le teint pâle, mais les téguments ne sont pas bouffis et les muqueuses ne sont pas décolorées.

Il n'existe aucun trouble digestif, circulatoire ou respiratoire. Les urines ne contiennent ni sucre, ni albumine, ni albumoses (2).

La face présente un aspect normal, les muscles fonctionnent d'une manière satisfaisante : la langue, parfaitement mobile, est un peu déviée vers la d[illegible], le voile du palais correct, le réflexe pharyngien normal. Aucun trouble de la déglutition ou de la pho-

(1) Nous devons ces renseignements à l'obligeance de M. le docteur Senebier (de Mons).

(2) Recherchées par le procédé de M. Jacquemet : Les urines, émises fraîchement (et mieux, à l'instant même), étant préalablement filtrées, sont additionnées d'une très petite quantité d'acide acétique, pour chasser la mucine et les phosphates qui gêneraient la réaction. (A ce moment, si les urines contiennent de l'albumine, on s'en débarrasse par ébullition suivie de filtration *après* refroidissement). On introduit alors dans un tube à essai 1/3 environ de la hauteur d'éther sulfurique ordinaire, et on verse par dessus l'urine traitée comme il est dit plus haut, de façon à remplir à peu près complètement le tube. On bouche (laisser un petit espace, un centimètre environ, entre le bouchon et le niveau du liquide). Saisissant le tube horizontalement, on l'incline doucement et alternativement à droite et à gauche : la bulle d'air qui court d'un bout à l'autre, mélange les deux liquides comme il convient. On cesse au bout d'une minute à peu près, et on place le tube verticalement sur son support. Si la réaction est positive, on voit qu'il s'est constitué au bout de 10 ou 15 minutes, souvent moins, à la partie supérieure, une sorte de coagulum d'aspect gélatineux : c'est l'éther contenant en suspension des albumoses. Ce coagulum a une cohésion telle que, si l'on retourne le tube, il peut résister à la pression du liquide pendant un temps plus ou moins long. Si la réaction est négative, il ne se forme pas de coagulum tenace et résistant, et, quand on renverse le tube, les deux parties se mélangent à nouveau.

nation. La parole est facile. Le membre supérieur droit est contracturé notablement, mais conserve, imparfaits toutefois, la plupart de ses mouvements. La force musculaire en est affaiblie d'une façon sensible ; type de contracture en extension, la main un peu fléchie sur l'avant-bras, les doigts fléchis dans la paume de la main. Un effort minime suffit pour vaincre la résistance de ces derniers, mais ils reviennent, sitôt abandonnés, à leur position ordinaire. Le membre inférieur droit, dont la force a également un peu diminué, est en extension, le pied en varus équin très léger, la contracture ici est très peu prononcée. La démarche se fait en fauchant, la jambe droite décrivant un mouvement de circumduction ; mais, en même temps, la malade prenant appui sur son pied gauche se dresse d'une façon un peu exagérée sur la partie antérieure de celui-ci : il en résulte une allure particulière, démarche combinée dans laquelle il y a à la fois projection marquée du corps en haut, en avant et un peu à gauche, accompagnée de circumduction de la jambe droite. L'observateur qui, à quelque distance, regarde marcher cette malade en se plaçant dans l'axe, est frappé par le mouvement régulier d'élévation et d'abaissement successifs du vertex, car la différence de niveau entre les points extrêmes atteint bien trois ou quatre centimètres.

La sensibilité, dans tous les modes, est absolument normale. Aucun stigmate hystérique. L'examen campimétrique répété du champ visuel ne nous a réservé aucune atteinte, aucun trouble. La vision est excellente, pas de névralgies ni de bourdonnements d'oreilles, aucune altération du goût.

Etude de l'état du système musculaire; Réflexes. Le R. pupillaire obtenu en pinçant légèrement les téguments est normal à gauche, un peu prononcé à droite, où la pupille se dilate plus largement.

Nous n'avons pu obtenir, à droite comme à gauche, le R. massétérin. La tonicité des muscles de la face est parfaite, leur jeu correct. La malade siffle et souffle aisément. Elle ferme les deux yeux simultanément, mais n'a jamais su, d'un coté ni de l'autre, garder un seul œil ouvert, la paupière de l'autre restant volontairement abaissée. Le signe de Révilliod est donc ici de valeur nulle. Les sourcils sont au même niveau.

Le développement du pannicule adipeux et la très faible intensité des contractions musculaires ne nous ont pas permis d'apprécier l'état des peauciers du cou

R. abdominal. Nous avons constaté qu'à droite (côté hémiplégié) le réflexe cutané abdominal était bien moins prononcé qu'à gauche, où il est extrêmement net. La tonicité de la paroi musculaire droite paraît légèrement affaiblie. Toutefois nous n'avons pas obtenu de résultat bien probant à cet égard.

R. du *fascia-lata*. N'existe ni d'un côté ni de l'autre.

R. contra-latéral. A peine appréciable à droite (quand on percute le tendon rotulien gauche). Nul dans les conditions inverses.

R. patellaire. Très prononcé à droite et manifestement exagéré ;

R. de Babinski. A droite, il est positif : le chatouillement très léger de la plante du pied avec une pointe mousse détermine une extension très marquée des orteils sur le métatarse. A gauche au contraire la même manœuvre détermine une flexion énergique.

R. de Schæfer. Le pincement de tendon d'Achille n'a produit aucun réflexe, à droite comme à gauche ; clonus du pied, s'obtient très aisément à droite, n'existe pas à gauche.

R. du triceps brachial. Normal à gauche, exagéré à droite.

R. du poignet. A peine perceptible à gauche, très manifeste à droite

Flexion combinée de la cuisse et du tronc. Ce phénomène, est appréciable chez notre malade et se produit du côté droit, d'une manière discrète cependant.

Après un séjour de trois semaines dans le service cette malade a demandé son exéat. Son état ne s'était nullement modifié depuis le jour de l'entrée.

OBSERVATION XXIX

(Personnelle)

Hémiplégie gauche avec contracture.

B..., 35 ans, manœuvre couché salle Moidieu, 27 (Hôtel-Dieu de Grenoble, même service).

Homme fort intelligent, et dont il est difficile de tirer un renseignement précis. Tout ce qu'on peut savoir, c'est qu'il y a trois ans environ, étant à Bordeaux, il fut pris d'un ictus apoplectiforme qui lui laissa une hémiplégie (facial inférieur, bras et jambe gauches) sans troubles oculaires. Au bout de quelques semaines s'installa la contracture, qui est en ce moment très accentuée. Comme antécédents il aurait eu la rougeole dans son enfance et, vers dix-huit ans, une fièvre typhoïde légère. Alcoolique, nie toute infection vénérienne.

État actuel (15 avril 1900). Masses musculaires développées et encore assez puissantes ; aucun trouble dans le fonctionnement des poumons, du tube digestif, du cœur. Un peu d'hypertension artérielle. Dans les urines, qui sont de quantité et de coloration satisfaisantes on ne rencontre ni sucre, ni albumine, ni albumoses.

Les muscles innervés par le facial supérieur ont des réactions semblables des deux côtés. Dans le domaine du facial inférieur, on note de la contracture à gauche ; la commissure buccale est attirée en haut de ce côté, le malade siffle et souffle sans autre difficulté qu'un peu de raideur à vaincre. La langue n'est pas déviée, non plus que le voile du palais. Pas de troubles de phonation ou de déglutition.

Contracture énergique en flexion du membre supérieur gauche, l'avant-bras est à angle de 130° sur le bras, lequel est serré contre le tronc. Les mouvements spontanés d'extension de l'avant-bras sont pénibles, saccadés et fort limités ; la flexion a une amplitude un peu plus grande. Toutefois la force de pression de la main, et la résistance à l'extension de l'avant-bras sont encore fort notables.

Le membre inférieur est allongé, pied en varus équin léger, ici la contracture est moins prononcée. La marche se fait péniblement, le malade fauche d'une façon typique.

Aucun trouble de la sensibilité générale. Fonctionnement parfait des organes des sens. L'examen campimétrique de la vision ne révèle aucune anomalie.

Étude de l'état du système musculaire. — R. pupillaire à la douleur : peu prononcé et égal des deux côtés. R. Massétérin : nul à droite, peu prononcé à gauche. Signe de Révilliod positif.

La contraction couplée synergique des peauciers du cou (obtenue soit en faisant ouvrir toute grande la bouche, soit en sollicitant un effort en sens contraire tandis qu'on tâche d'étendre la tête du malade), montre que du côté hémiplégié, le muscle est bien moins saillant que du côté droit.

R. Abdominal: Le réflexe abdominal existe des deux côtés, plus prononcé à gauche. La paroi musculaire nous a paru avoir la même tonicité à droite qu'à gauche, ainsi d'ailleurs que les piliers inguinaires. Pas de différence appréciable dans les mouvements de retrait ou de propulsion de l'abdomen.

R. Du fascia lata : Extrêmement prononcé des deux côtés, mais surtout à gauche. Le chatouillement de la région plantaire détermine non seulement une contraction brusque et violente du muscle tenseur, mais encore celle du vaste externe.

R. Cremastérien : Un peu plus prononcé à gauche.

R. Contra-latéral : N'a été noté ni à droite, ni à gauche.

R. Patellaire : D'une manière générale, ils sont tous deux augmentés, mais celui de gauche dans une proportion bien plus grande.

R. Des orteils : A gauche, l'excitation cutanée produit un effet bien distinct selon qu'on envisage le gros orteil ou le groupe des quatre autres : α) Le gros orteil est amené en flexion : alors les quatre autres, en bloc, se placent en extension ; β) Le gros orteil se place en extension, alors les autres, en bloc, se mettent en flexion). Ces dispositions se produisent sans règle fixe, mais toujours dans l'ordre indiqué ci-dessus. A droite, les choses ne sont pas compliquées et se passent toujours de la même manière. Les quatre petits orteils se fléchissent, le gros ne remue pas d'une façon appréciable. Nous avons répété un grand nombre de fois l'expérience tant d'un côté que de l'autre, et nos conclusions n'ont pas varié.

R. de Schæfer. En pinçant énergiquement les tendons d'Achille, nous n'avons rien obtenu. En les pinçant très énergiquement, nous avons constaté, à gauche, un mouvement lent et peu prononcé de flexion du pied, avec flexion très légère des orteils. A droite, ce procédé n'a rien donné.

Clonus du pied. A gauche, une certaine raideur de l'article tibio-tarsienne empêche de fléchir le pied, et par conséquent, de provoquer le phénomène. A droite, où les tissus sont plus souples, on ne peut pas l'obtenir.

R. du triceps brachial. Assez prononcé à gauche, très peu perceptible à droite.

R. du poignet. Assez prononcé à gauche, très peu perceptible à droite.

Flexion combinée de la cuisse et du tronc. Positif, ce mouvement est néanmoins peu appréciable. Il se passe à gauche.

OBSERVATION XXX

Hémiplégie droite avec aphasie.

C..., Jean, maçon, entre salle Moidieu, n° 15, le 2 avril 1900. Il raconte avec une certaine difficulté et un déficit de plusieurs mots, que la veille il était en train de travailler comme d'ordinaire, lorsque, vers 5 heures du soir, il lâcha subitement sa truelle, en même temps qu'il ressentait des tournoiements de tête. Il peut rentrer chez lui mais d'un pas mal assuré, traînant la jambe droite et marchant comme un homme ivre. Il est, en se mettant au lit, pris de vomissements alimentaires et bilieux. Il parle difficilement. Céphalalgie frontale intense, diplopie passagère. Il dort bien, ronflant cependant plus que de coutume. Le lendemain matin (2 avril) on l'amène à l'hôpital.

Ce malade n'accuse, comme antécédents, que la variole à l'âge de 12 ans et une bronchite grippale, dont il s'est bien guéri, il y a trois ans. Rien autre à signaler chez lui que de l'hypertension artérielle avec claquement diastolique marqué à l'orifice aortique. Pas de bruit de galop; dans les urines, ni sucre, ni albumine, ni albumoses.

On constate : parésie faciale, paralysie plus accentuée du bras et de la jambe à droite. Les plis du front sont également, et fortement marqués ; intégrité parfaite du muscle frontal et du muscle pyramidal. L'action du sourcilier ne peut être saisie, car à la racine du nez le malade porte une cicatrice qui empêche toute constatation de ce genre. La paupière supérieure droite est un peu plus flasque que celle de gauche, les mouvements des deux paupières peuvent d'ailleurs se faire avec une parfaite synergie. La tonicité, résistance à l'occlusion, pour l'œil droit, semble légèrement plus petite.

Le malade a un peu perdu la faculté de siffler (ce qu'il exécute cependant avec une correction relative). Bien que les muscles de la face paraissent un peu parésiés, il ne fume pas la pipe. Le voile du palais et la luette sont en bonne position, la déglutition se fait sans accroc. La langue est légèrement déviée à droite.

L'épaule droite est tombante, l'omoplate saillante, son angle inférieur porté un peu en dehors. Le bras est pendant, les mouvements volontaires réduits à très peu de flexion pour l'avant-bras ; la main ne bouge pas.

Le membre inférieur droit est fortement parésié ; la démarche se fait en fauchant et grâce à un soutien ; les masses musculaires sont molles et un peu tombantes.

Tout le côté gauche est intact. La sensibilité générale est respectée, ainsi que les fonctions de sensibilité spéciale. Le champ visuel est normal.

Etude de l'état du système musculaire. — Réflexe pupillaire à la douleur normal des deux côtés. Le malade n'ayant jamais su fermer isolément que l'œil gauche, le signe de Revilliod perd ici toute sa valeur.

R. massétérin — n'est pas appréciable.

La contraction couplée des peauciers du cou révèle une forte parésie du muscle droit, celui de gauche ayant conservé toutes ses qualités (ouverture de la bouche, résistance à l'extension provoquée de la tête).

R. abdominal de Rosenbach. — Conservé à gauche, fortement diminué à droite. Dans l'acte de rentrer le ventre, la rétraction, du côté droit, est moins prononcée ; dans l'acte contraire, c'est l'opposé.

La tonicité générale de la moitié droite antéro-latérale de l'abdomen est plus faible du côté paralysé. L'effort de la toux la distend également à un plus notable degré; les piliers inguinaux de ce côté semblent moins rigides.

R. Crémastérien. A droite, nul, quel que soit le procédé employé; à gauche l'excitation de la partie interne de la cuisse est sans résultat, mais la pression au-dessus des condyles du fémur fait remonter le testicule de ce côté de six ou sept millimètres.

R. contra-latéral. A gauche (par percussion du tendon rotulien droit), résultat faible : à droite (par percussion du tendon rotulien gauche), résultat négatif.

R. du *facia lata*. A droite, positif, quoique très faible; à gauche, manifeste.

R. patellaire. A droite, fortement exagéré ; à gauche un peu.

R. des orteils. N'a pu être décelé ni à droite, ni à gauche.

R. de Schæfer. A droite, une forte pression détermine, avec de la douleur, une flexion lente du pied et flexion légère des orteils ; à gauche, résultat négatif.

Clonus du pied. Est aisément provoqué à droite ; ne peut l'être à gauche.

R. du triceps brachial. A droite, un peu exagéré : à gauche à peine manifeste.

R. du poignet. Ne s'obtient ni à droite ni à gauche.

Il existe du côté droit un léger degré de flexion exagérée de l'avant-bras sur le bras.

Flexion combinée de la cuisse et du tronc. N'est pas appréciable.

Cet intéressant malade n'a pu être étudié plus longtemps : dès le lendemain de son entrée à l'hôpital il a témoigné le désir de recevoir son exéat afin d'aller se faire soigner à la campagne, dans sa famille.

OBSERVATION XXXI

(Due à l'obligeance de M. Sicard).

(Service de M. Raymond)

Jeune homme de 27 ans, pianiste, vient à la consultation du mardi à la Sapêtrière (août 1898) consulter pour une paralysie du côté droit.

En pleine santé, deux mois et demi auparavant, il a été frappé, un matin au lever, d'un ictus avec perte de connaissance. Au sortir de l'ictus on constatait une hémiplégie droite très accentuée (facial inférieur, membre supérieur et membre inférieur) avec aphasie partielle.

Ce facial supérieur n'est touché que très légèrement (signe de Revillod).

Progressivement, la paralysie fait place à de la parésie avec contracture légère. L'état reste stationnaire depuis deux semaines, et le malade vient demander à la Salpêtrière, une nouvelle amélioration.

On constate à l'examen du malade les signes évidents d'un rétrécissement mitral et en l'absence de toute syphilis et d'athérome artériel, le diagnostic d'embolie sylvienne partie du cœur gauche, s'impose.

Le seul fait intéressant que nous voulions relater ici est en dehors de l'aphémie, et des signes d'une parésie accusée du côté droit avec exagération des réflexes tendineux et imminence de contracture aux deux membres supérieur et inférieur, l'état fonctionnel des doigts de la main droite paralysée.

Le malade très intelligent et pianiste avait su dissocier parfaitement les mouvements de ses doigts et les rendre indépendants les uns vis-à-vis des autres, il insiste même sur ce fait qu'en dehors de tout jeu musical, il s'amusait à exercer ses doigts, et à faire mouvoir chacun d'eux dans des positions différentes tout en s'efforçant de conserver les autres dans l'immobilité absolue. Il avait donc pu s'affranchir de toute intrication tendineuse, il s'était libéré au moins en très grande partie des relations tendineuses anatomiques; et des synergies fonctionnelles qui existent toujours plus accusées chez le jeune enfant.

Certains animaux, le singe, par exemple n'ont le plus souvent à leur disposition que le mouvement de flexion en masse pour la préhension. Le jeune enfant fléchit à sa naissance ses doigts en masse, d'un mouvement fonctionnel synergique.

Notre pianiste, hémi-parétique du côté droit avait perdu cette fonction asynergique digitale qu'il avait su acquérir à un si haut degré. La flexion d'un doigt, le médius par exemple ne pouvait plus se faire indépendante, elle entraînait la flexion des autres (index, annulaire, auriculaire), dans un mouvement d'ensemble.

Le malade, revu trois semaines après, quoique encore aphémique, mais aphémique très amélioré, nous disait qu'il éduquait de nouveau ses doigts et avait su déjà acquérir un certain degré d'asynergie que nous avons également constaté.

CONCLUSIONS

Les muscles *synergiques, symétriques* ou *médians* et les muscles *asynergiques* peuvent au cours de l'hémiplégie organique, être atteints, au même titre, du côté paralysé.

Toutefois, il existe au niveau des muscles synergiques et comparativement aux autres muscles asynergiques, une grande variété dans l'intensité et la localisation des troubles paralytiques.

Les muscles synergiques, symétriques ou médians, atteints sont :

Les muscles occupant le territoire facial supérieur (frontal, orbiculaire, sourcilier, pyramidal). Ils sont souvent atteints à un degré qui n'est peut-être pas le même pour chacun d'eux. Cette paralysie est ordinairement peu marquée, transitoire, et veut être cherchée (Brissaud, Pugliese et Mila, Mirallié).

Il semblerait cependant que chez les nouveau-nés et les enfants, elle soit relativement moins sévère.

Les muscles de la nuque.

Il est également possible, à l'aide de manœuvres appropriées, de constater que les peauciers du cou (Babinski), ainsi que les muscles intercostaux (Féré), les muscles abdominaux (Rosenbach, Sicard), l'orifice inguinal (Sicard), le crémaster (Charcot, Féré), ont perdu une partie de leur tonicité et que leur mise en jeu directe ou réflexe n'aboutit qu'à une manifestation parfois atténuée à l'extrême de leur puissance contractile.

Les muscles asynergiques frappés sont ceux des membres.

Aux symptômes classiques qui trahissent l'impotence fonctionnelle de ces muscles, sont venus, dans ces dernières années, s'ajouter d'autres signes.

L'étude des réflexes du *fascia lata* (Brissaud), du réflexe contra-latéral des adducteurs de la cuisse (Marie), du phénomène des orteils, de la flexion exagérée de l'avant-bras, de la flexion combinée de la cuisse et du tronc (Babinski), du réflexe antagoniste des orteils (Schæfer), a permis dans une certaine mesure, de différencier l'hémiplégie organique de l'hémiplégie dynamique.

Ces symptômes révélant l'impotence fonctionnelle des muscles synergiques ou asynergiques, peuvent rester tels ou se modifier dans leur intensité et leur forme, au cours de l'hémiplégie organique (phase de flaccidité, phase de contracture).

En règle générale, la paralysie des muscles synergiques sera proportionnelle au degré de leur asynergie relative.

Cette asynergie relative de muscles primitivement synergiques, est vraisemblablement due à la création, sous l'influence de l'éducation et de l'exercice, de centres corticaux asynergiques, au-dessus des centres sous-corticaux synergiques.

INDEX BIBLIOGRAPHIQUE

J. Babinski. *Bul. Soc. méd. Hôp. Paris*, 1893. — *Ibid.* 1897. — C. R. Soc. Biol., 1896. — *Ibid.*, 1898. — *Sem. médic.*, 1898. — *Soc. Neurol.*, Paris 1900.

Ballet. *Soc. méd. hôp.*, 1890 — *Ibid.*, 1892.

Boeri. *Riforma medica*, xve année.

Boude. *Medical Record*, 1897.

Brissaud. Leçons sur les maladies nerveuses, 1re série, 2e série, 1895 et 1899.

— Recherches sur la contracture permanente, 1880, *Th Paris*.

— Localisation corticale des mouvements de la face. *Progrès médical*, n° 52, 1893.

Buzzard. *British medical Journal*, 1890.

Cantu. Paralysie faciale complète d'origine centrale. *Gazett. degli osped*, 25 juin 1899.

Cestan et Lesourd. *Gazette des Hôpitaux*, 1899.

G. Chaddock. *The med. Fortnightly*, vol. XVII.

Chantemesse. *Soc. med. hôp.*, 1890

Charcot. *Archiv de Neurologie*, 1891.

M. Cohn. *Neurologisches Centralblatt*, 1899.

Coingt. *Thèse doct.*, 1878.

Collier. *Brain*, 1899

Cruveilhier *Traité d'anatomie descriptive*, 1862.

Déjerine. *Anatomie des centres nerveux*, 1895.

Deligné. *Thèse Paris*, 1899.

Duplay. *Union médicale*, 1854.

Eichorst. *Centralblatt für klinische Medicin*, 1892.

Fauché. *Thèse Bordeaux*, 1899.

Féré. *C. R. Soc. Biol.*, 1898. — *Ibid.*, 1899. — Nouvelle iconogr. de la Salpêtrière, 1898.

Ganault. *Thèse Paris*, 1898.
Gasnier. *Thèse Paris*, 1893.
Gibotteau. *Thèse Paris*, 1889.
Glorieux. *Journal de Neurologie*, 1898.
Gowers. Handbuch der Nervenkrankheiten, 1892.
Grasset et **Ranzier.** Traité pratique des maladies du système nerveux, 1894.
Guelliot. *Journal de médecine*, 1891.
Guidiccandra. *Bull. soc. Lancis*, 1899.
Hallopeau. *Revue de médecine*, 1879.
Hervey. *Société anatomique*, 1874.
Hynsdale et Taylor. *Americ. Neurol. an.* New-York, 1894.
Kalischer. *Virchow's Archiv*, 1899.
Kœnig. *Neurologisches Centralblatt*, 1899.
Landouzy. *Archives générales de médecine*, 1877. *Société anatomique*, 1879, et *Progrès Médical*, 1879.
Langdon. *The Cincinnati Lancet clinic*, 1900.
Legendre. Recherches anatomo-pathol. et cliniques sur quelques maladies de l'enfance, Paris, 1846.
Letienne et Mircouche. *Archives générales de Médecine*, 1899.
Marie. *Bull. Soc. Méd. Hôp. Paris*, 1894. — Leçons sur les maladies de la moelle, 1892.
Mies. *Neurologisches Centralblatt.* Leipzig 1897.
Mirallié. *C. R. Soc. Biol. 1898.* — *Archiv. Neurologie*, 1899. — *Presse médicale*, 1899.
Oppenheim. Lehrbuch der Nervenkrankheiten, 1898.
Pandi *Neurolog. Centralblatt*, 1897.
Poirier. Traité d'anatomie humaine, 1896.
V. Pugliese et V. Milla. *Rivista sperim di frenatria*, 1896. — *Rivista d. patol. nervose e mentale*, 1897.
Raymond. Cliniques des maladies du système nerveux, 1894-97.
Revillod. *Rev. médic. de la Suisse Romande*, 1899.
Rosenbach. *Centralblatt für Nervenheilkunde* von Erlemeyer, 1879.
J. Roux. *Archives de Neurologie*, 1899.

P. Russel *Am. Journal of. med. sc.* Philad., 1896.
Schaefer. *Neurol. Centralblatt*, 1899.
Schüler. *Neurol. Centralblatt*, 1899.
A. Sicard. *Revue Neurologique*, 1899. Les muscles abdominaux et l'orifice inguinal chez les hémiplégiques organiques.
Simoneau. *Thèse Doctorat*, 1877.
Soury. Le système nerveux central, 1899.
Sternberg Die Sehnenreflexe und ihre Bedeutung, etc. Leipzig,
P. Stewart. *Journal of Physiol. Cambridge*, 1897.
Strümpell. Zur kentniss der Sehnenreflexe, 1879.
Debove et **Achard.** Articles : Hémiplégie. Ramollissement cérébral. Hémorrhagie cérébrale, t. III et IV.
Thoinot. *Manuel de Médecine.*
Thüe. Et Tifælde of humor Phalami, etc... Norsk. Mag. f. Lægevidensk, 1888.
Todd. *Clinical lectures on paralysies*, 1856.
Verger et **Abadie.** *Progrès médical*, 1900, nº 17.
Vernicke. Lehrbuch der Gehirnkrankheiten.
Van Gehuchten. *Journal de Neurologie de Bruxelles*, 5 avril, 1898.
Weir Mitchell. *Journal of nervous and menteil diseases*, 1879.
Wertheim Salomonson. *Neurologisches Centralblatt*, 1899.

Orléans — Imp. Maurice FOURNIQUET, 47, rue Bannier.

www.ingramcontent.com/pod-product-compliance
Ingram Content Group UK Ltd.
Pitfield, Milton Keynes, MK11 3LW, UK
UKHW020236220726
13923UKWH00002B/673